»MILITÄRFAHRZEUGE« BAND 6
DIE HALBKETTENFAHRZEUGE DES DEUTSCHEN HEERES 1909 – 1945

Band 6 der Reihe ››Militärfahrzeuge‹‹

WALTER J. SPIELBERGER

DIE HALBKETTENFAHRZEUGE DES DEUTSCHEN HEERES

1909 – 1945

Maßstabskizzen : Hilary L. Doyle
Farbillustrationen : Uwe Feist

Motorbuch Verlag Stuttgart

Einband und Schutzumschlag: Siegfried Horn

Fotoquellen:
Bundesarchiv/Militärarchiv (34), P. Chamberlain Collection (2), Hilary Doyle Collection (4), Archiv Uwe Feist (28), Ford Motor Comp. (2), Privat Hentschel (2), Prof. W. Hess (1), Robert J. Icks Collection (13), Klöckner-Humboldt-Deutz AG (2), Krauss-Maffei AG (12), Adam Opel AG (3), Archiv Werner Oswald (4), H. Scultetus (1), Archiv Walter J. Spielberger (307), Bart Vanderveen (2), Sammlung F. Wiener (4)

Die Ansichtsskizzen in diesem Buch wurden freundlicherweise von Herrn Hilary Doyle zur Verfügung gestellt, der wie der Verfasser Mitarbeiter der BELLONA Publication Ltd. ist.

Unser Dank gilt auch BELLONA für die Erteilung der Nachdruck-Erlaubnis dieser Zeichnungen. Sie vermitteln mit Abstand die vollständigsten Unterlagen über Militärfahrzeuge des In- und Auslandes.

Vier-Seitenansichten im Maßstab 1:76 und 1:48 sind erhältlich durch einschlägige Fachgeschäfte oder direkt von BELLONA Publications Ltd. Bridge Street, Hemel Hempstead Herts, England.

ISBN 3-87943-403-4
2. Auflage 1984
Copyright © by Motorbuch Verlag, 7 Stuttgart 1, Postfach 1370
Eine Abteilung des Buch- und Verlagshauses Paul Pietsch GmbH & Co. KG
Sämtliche Rechte der Verbreitung – in jeglicher Form und Technik – sind vorbehalten
Gesamtherstellung: Curt Mohnhaupt, 752 Bruchsal
Printed in Germany

INHALT

Vorwort

Kraftfahrzeug und Gelände stehen sich seit Beginn der Entwicklung als Gegensätze gegenüber, eine Tatsache die seit vielen Jahren zu Spitzenleistungen der Techniker führte. Weit über die Grenzen der normalen Benutzung hinaus mußten bei Geländefahrzeugen Lösungen gefunden werden, die fast immer technisches Neuland bedeuteten.

Der tierische Zug war seit Jahrhunderten das einzige Mittel zur Fortbewegung schwerer Lasten. Er bestimmte auch die Größenordnung der zu bewegenden Geräte und Waffen. Die Einführung der Dampfmaschine brachte einen grundsätzlichen Wandel. Trotzdem blieben auch Dampffahrzeuge vorwiegend schienen- und straßengebunden.

Als Ende des letzten Jahrhunderts Holt in Amerika den ersten brauchbaren Raupenschlepper vorstellte, eröffnete sich dadurch auch die Möglichkeit eines Einsatzes von motorisierten Zugfahrzeugen abseits befestigter Wege. Damals entstanden die ersten Halbkettenfahrzeuge. Es war ein langer, schwieriger Entwicklungsgang, der letztlich zu den Halbketten-Zugmaschinen der Deutschen Wehrmacht führte. Diese Fahrzeuge bildeten das letzte Glied einer Entwicklung, die hervorragende Heeresfahrzeuge schuf. Eine außergewöhnliche Zugleistung auf Straße und im Gelände, hohe Durchschnittsgeschwindigkeit, geringe Abnützung der Straßenoberfläche, sowie weitgehende Geräuschlosigkeit waren hier erreicht.

Der vorliegende Band der Buchreihe »Militärfahrzeuge« gibt die im Moment vollständigste Zusammenstellung militärischer Halbkettenfahrzeuge. Technisch aufwendig konstruiert, bedeuteten sie trotz Erfüllung ihrer Aufgaben während der Kriegsjahre nur eine Belastung der Produktion und der Versorgung. Die Versuche, einfachere Zugfahrzeuge zu schaffen, blieben bis auf wenige Ausnahmen im Anfangsstadium stecken.

Auch war wiederum schon zu Beginn der Entwicklung eine Typenvielzahl angestrebt worden, die im Ernstfall nur zu Schwierigkeiten führen konnte. Trotzdem verwendete keine andere Armee Halbkettenfahrzeuge in einer Vielfalt wie die deutsche. Diese Entwicklung zu dokumentieren war mit unsere Aufgabe.

Obwohl diese Fahrzeuge im Gegensatz zu Panzerfahrzeugen nicht immer derselben Geheimhaltungspflicht unterlagen, existieren über die Anfänge der Entwicklung nur dürftige Unterlagen. Wir hoffen aber mit dieser Veröffentlichung den Rahmen geschaffen zu haben, der es uns ermöglicht diese Entwicklungsgeschichte weiter auszubauen. Dazu ist wie immer die Mitarbeit vieler Fachleute notwendig. So ist es uns wieder ein Anliegen all denen zu danken, die sich seit Jahrzehnten an diesen Forschungen beteiligten.

Wir weisen wieder auf die Hilfe von Col. Robert J. Icks hin, der die Auffrischung der spärlichen nach Kriegsende verbliebenen Unterlagen großzügig unterstützte. Auch Dr. Fritz Wiener hatte daran einen entscheidenden Anteil. Wir denken weiterhin an die Herren Uwe Feist, Peter Chamberlain, Dick Hunnicutt, Heinrich Scultetus und Bart Vanderveen, die immer wieder mit zusätzlichen Unterlagen und Bildmaterial den Gesamteinblick erweiterten. Last but not least muß Hilary L. Doyle erwähnt werden, dessen einmalige Arbeit immer wieder neue Aspekte dieser Entwicklung ans Licht brachte und ohne dessen Zeichnungen die gesamte Buchreihe an Inhalt verlieren würde.

Dieser Arbeitskreis hofft wieder auf zahlreiche Zuschriften der Leser, wobei vor allem konstruktive Kritik dankbar anerkannt wird.

Walter J. Spielberger
Trieblach 9
A–9210 Pörtschach a. W.

Die Entwicklung deutscher Halbkettenfahrzeuge für militärische Verwendung

A. Zeitspanne 1890 bis 1919

Die ersten Versuche, brauchbare Kettenschlepper für die Landwirtschaft zu schaffen, kamen 1890 bei der Stockton Wheel Company in Kalifornien zur Ausführung. Um die Lenkung solcher Fahrzeuge beherrschen zu können, hatten die ersten Ausführungen dieser »Caterpillars« jedoch noch Lenkräder vorgebaut. Somit waren die ersten Halbkettenfahrzeuge entstanden. Dieses Prinzip wurde beibehalten und weiter entwickelt und von anderen Ländern als eine Lösung zur Geländegängigkeit lasttragender Fahrzeuge betrachtet.
In Deutschland wurde diese Idee zum ersten Male aufgegriffen, als in den Jahren 1908/09 die Daimler-Motoren Gesellschaft in Berlin-Marienfelde einen schweren, allradgetriebenen Zugwagen entwickelte, welcher

hauptsächlich für die Verwendung in Kolonialgebieten vorgesehen war. Insgesamt sollten damit 15 t Nutzlast, auf Zugwagen und Anhänger verteilt, befördert werden können. Dieses nach Portugiesisch-Westafrika gelieferte Fahrzeug war mit einem 60 PS Sechszylinder Vergasermotor ausgerüstet. Das Ausgleichsgetriebe der Hinterachse besaß eine Differenzialsperre. Besonderes Augenmerk war der Kühlung gewidmet. Man vergrößerte den normalen Lastwagenkühler nach unten und erhöhte den Kühlwasservorrat beträchtlich. Dazu wurden rechts und links am Motor zusätzliche Wasserkästen angebracht. Das Eigengewicht des Fahrzeuges betrug 5,7 t. Auftraggeber dafür war eine Berliner Exportfirma. Nur ein Fahrzeug wurde gebaut.
Beim Einsatz dieses Fahrzeuges in Afrika stellte sich bald heraus, daß die Geländegängigkeit des Lastkraft-

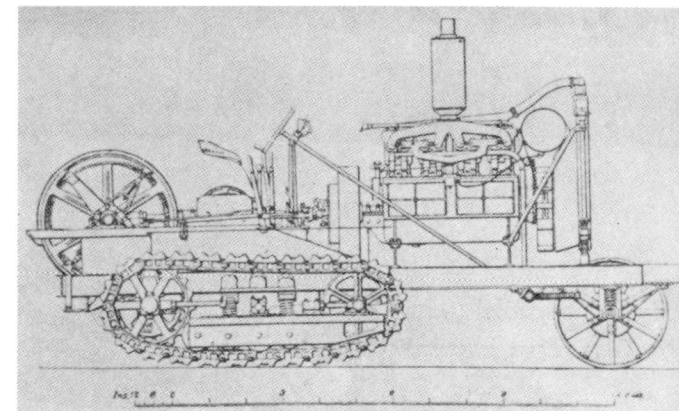

Urahne sämtlicher Halbkettenfahrzeuge war der von Holt um die Jahrhundertwende in Kalifornien geschaffene »Caterpillar«. Er fand bei verschiedenen Armeen Eingang als Artillerie-Zugmittel für unwegsames Gelände.

Daimler mit Werk Marienfelde lieferte 1908/09 einen Kolonialwagen mit Anhänger nach Portugisisch-Westafrika.

wagens auf den schlechten Straßen dieses Kontinents nicht immer ausreichte. Trotz verwendeter Sandreifen ergaben sich laufend Schwierigkeiten, die durch folgende Maßnahmen teilweise beseitigt wurden: Durch das Anbringen von zusätzlichen Radpaaren vor und hinter der Hinterachse war die Möglichkeit geschaffen, mittels einer schmalen Stahlkette die Bodenauflage beträchtlich zu erhöhen. Der Antrieb dieser mittelverzahnten Ketten erfolgte lediglich durch Reibung. Die zusätzlichen Radpaare dienten als Lauf- und Leiträder. Die Kettenspannung wurde von der vorderen Zusatzachse aus zum Fahrzeugrahmen hin ermöglicht. Mit dieser

Dort wurde das Fahrzeug wegen der schlechten Wegeverhältnisse durch das Anbringen von zwei zusätzlichen Räderpaaren vor und hinter der Hinterachse mit einer umlaufenden Stahlkette versehen, um den Bodendruck zu vermindern.

Auf diese Weise wurde erstmals ein Halbkettenfahrzeug geschaffen, welches sich im Rahmen seiner Möglichkeiten bewährte.

Die ersten Vorschläge des Ing. Bremer ein Überlandfahrzeug zu schaffen, scheiterten an den technischen Unzulänglichkeiten jener Zeit. Bild zeigt den Prototyp des ersten »Bremerwagens«.

Lösung erwarb man die ersten Erfahrungen mit Halbkettenfahrzeugen.

Nach diesen ersten, noch zögernden Versuchen dauerte es Jahre, bis dieses Antriebsprinzip wieder aufgegriffen wurde.

Schon die ersten Monate des Ersten Weltkrieges ließen den Wunsch nach einer gewissen Unabhängigkeit der Kraftfahrzeuge vom bestehenden, teilweise sehr mitgenommenen Straßennetz aufkommen. So fielen die Vorschläge des Konstrukteurs Ing. Hugo G. Bremer, der einen »Überlandwagen« bauen wollte, auf fruchtbaren Boden. Da Bremer jedoch jede Zusammenarbeit mit der Verkehrstechnischen Prüfungskommission (VPK) ablehnte, bestimmte das Kriegsministerium (KM) die In-

spektion Kraftfahrwesen (Ikraft) als federführend für weitere Verhandlungen. Der am 19. Juli 1915 schließlich erfolgte Vertragsabschluß zwischen Bremer und dem Kriegsministerium (A 7 V) verlangte u. a. folgende Fahrzeugleistungen:

2 bis 3 t Last sind auf zur Hälfte unbefestigten und im übrigen auf befestigten Landwegen oder querfeldein in zwölf Stunden 80 km weit im Hügelland fortzubewegen. Dies hatte mit einem zur Verfügung gestellten normalen 4 t Lastkraftwagen zu geschehen, der mit Unterbauten nach System Bremer zu versehen war.

Der Versuch sollte bis spätestens Ende September 1915 abgeschlossen sein. Die Daimler-Motoren-Gesellschaft in Berlin-Marienfelde stellte dafür zwei Fahrge-

1916 wurden 20 Probewagen der Ausführung »Bremer« bestellt, die als Grundlage den staatlich subventionierten Lastwagen »A.L.Z. 13« der Daimler-Motoren-Gesellschaft verwendete.

Die zweite Versuchsausführung des »Bremerwagens« versah den »A.L.Z. 13« mit vorderen und hinteren Kettenlaufwerken. Die Nutzlast der Versuchsausführung 1916 betrug 2,5 t.

1916 verlegte man die Fertigung der »Bremerwagen« nach Marienfelde und nannte das Fahrzeug ab diesem Zeitpunkt »Marienwagen«.

1918 wurde der »Marienwagen I« Versuchsweise mit einer Panzerung versehen. Es blieb bei einem Prototyp. Das obere Bild zeigt das Fahrzeug mit dem Prototyp-Holzaufbau.

stelle des Lastkraftwagentyps »ALZ 13 b« zur Verfügung.

Nach langwierigen Verhandlungen zwischen Heeresdienststellen und Ing. Bremer konnte am 6. Oktober 1916 endlich eine Vorführung des Musterfahrzeuges in Neheim stattfinden. Zwanzig »Bremer-Wagen« wurden daraufhin bestellt. Das Erteilen weiterer Aufträge sollte von den Erfahrungen abhängen, die sich aus dem Betrieb mit diesen Fahrzeugen ergaben.

Es war ein Irrtum zu glauben, daß man mit dem »Bremer- Wagen« ein geländegängiges Fahrzeug gefunden hatte. Von den zwei Paar Raupenketten, welche anstelle der Räder angebaut waren, wurde nur das hintere Paar angetrieben. Ungenügende Lenkeigenschaften und unzureichende Festigkeit der Ketten zeigten Mängel des Systems. Von den im Bau befindlichen zwanzig Fahrzeugen stellte man nur fünfzehn fertig.

Diese Fertigung erfolgte ab 1916 im Werk Marienfelde, wo das Fahrzeug durch weitgehende Verbesserungen zum »Marienwagen I« weiterentwickelt wurde. Die Vorderräder ersetzten noch immer nicht angetriebene Ketten, welche genau so wenig befriedigten, wie diejenigen beim »Bremer-Wagen«. Schließlich baute man wieder eine normalbereifte Vorderachse ein.

Am 8. November 1916 hatte das Kriegsministerium der OHL mitgeteilt, daß am Bau von querfeldein fahrenden Kraftwagen seit langer Zeit von verschiedenen Stellen erfolglos gearbeitet würde. Dem Vorschlag, diese Fahrzeuge eventuell zu panzern, wurde entgegengehalten, daß ihre Tragfähigkeit dafür zu gering wäre. Trotzdem wurden zehn solcher Fahrzeuge in Auftrag gegeben, welche bis zum Frühjahr 1917 ausgeliefert werden soll-

Da die Ausführung mit vorderer Gleiskette in keiner Weise befriedigte, baute man nach und nach wieder die normale Vorderachse unter. Bild zeigt die Ausführung des »Marienwagens I« mit normaler Vorderachse.

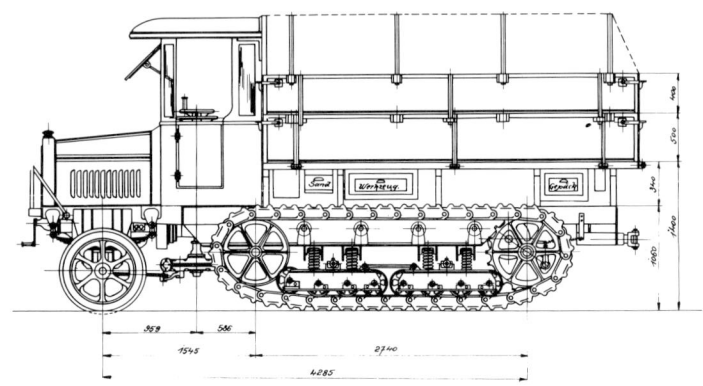

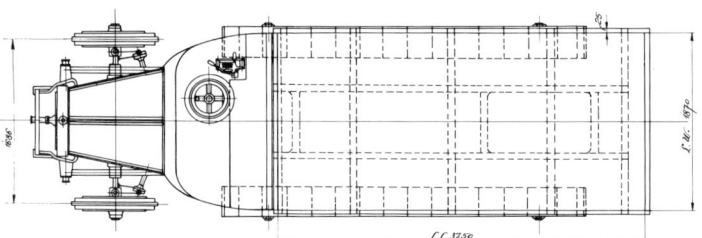

Die Schwierigkeiten mit den Gleisketten des »Marienwagens I« waren nicht zu beseitigen, daher verwendete man ab 1918 ein verbessertes Kettenlaufwerk Holt'scher Konstruktion und bezeichnete das Fahrzeug als »Marienwagen II«. Die Skizze zeigt die Hauptabmessungen des Fahrzeuges.

Die Serienfabrikation der Marienwagen II war im Werk Marienfelde der Fa. Daimler angelaufen (Aufnahme Herbst 1918)

ten. Am 11. November 1916 bat die OHL das Kriegsministerium festzustellen, ob die bis zum Frühjahr in Aussicht gestellten Panzerkraftwagen (Überlandwagen) tatsächlich zur Auslieferung kommen könnten. Obwohl die A 2 des Kriegsministeriums am 23. Januar 1917 die Aufstellung der »Sturm-Panzerkraftwagen-Abteilungen« 1 und 2 verfügte und dabei feststellte, daß die Überland-Panzerwagen (Bremer) durch die Ikraft überwiesen würden, wurde diese Verfügung am 2. April 1917 zurück genommen, da die OHL den »Bremer-Wagen« Mitte März 1917 als für diesen Zweck ungeeignet erklären mußte.

Im Auftrag befanden sich nach einer Übersicht vom 30. Januar 1917 folgende gepanzerten Halbkettenfahrzeuge nach Bauart Bremer: Zehn Stück 45 PS Viertonner Daimler Normalfahrgestelle mit Raupenantrieb. Die Panzerung sollte 9 mm betragen. An Waffen wurden mitgeführt: Zwei MG, zwei Plz-K (Becker), Flammenwerfer und Nahkampfmittel. Eines dieser Fahrzeuge wurde tatsächlich fertiggestellt.

Die bis dahin fertiggestellten 15 »Bremer-Wagen« und zehn »Marienwagen I« wurden wieder in gewöhnliche Lastkraftwagen umgebaut. Auf Wunsch des Kriegsministeriums (A 4) wurde die Ikraft beauftragt, die Konstruktion eines Räder-Raupenfahrzeuges anzuregen. Dieses war in erster Linie als Kampfwagen-Abwehr-Fahrzeug vorgesehen. Beauftragt wurde damit die Firma Lanz. Im endgültigen Entwurf präsentierte diese Firma jedoch ein Vollkettenfahrzeug.

Beim »Marienwagen« ergab sich als nächster Schritt der Ersatz des bisherigen rückwärtigen Kettenantriebes durch einen solchen Holt'scher Konstruktion, wie er auch beim »A 7 V« Panzerkampfwagen Verwendung fand. Der so entstandene »Marienwagen II« war als Plattformfahrzeug für Flugzeug- und Panzerabwehrgeschütze vorgesehen. Da die Lenkung durch die normalen Vorderräder nicht immer ausreichte, baute man doch wieder ein Gleiskettenpaar unter. Ein Lastausgleich von hinten zu dem nicht angetriebenen vorderen Laufwerk war vorgesehen. Die Arbeiten daran konnten bis zum Herbst 1918 noch nicht abgeschlossen werden.

Die OHL entschied am 13. Dezember 1917, daß auch die »Orionwagen« nicht zu panzern seien. Ebenso waren alle anderen noch vorhandenen Versuchsmodelle von

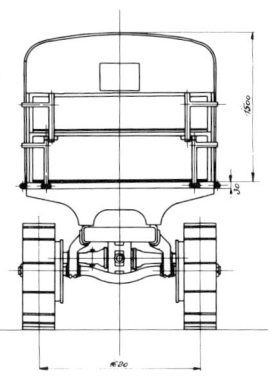

Der »Marienwagen II« im Gelände, 44 Stück waren hergestellt worden.

Die Gesamtansicht des »Marienwagen II«.

15

Gelände-Panzerwagen in der Zwischenzeit für eine Verwendung als Kampfwagen ausgeschaltet worden.
Trotzdem bestimmte ein am 23. Oktober 1918 von der OHL auf Grund einer Besprechung mit dem Chefkraft aufgestelltes »Kraftwagen-Beschaffungs-Programm« unter anderem, daß die neuen »Marienwagen II« sowie die Lanz »Raupenwagen« für eine Bestückung mit Kanone und leichter Panzerung vorzusehen seien.
Vom »Marienwagen II« waren hundertsiebzig Fahrzeuge bestellt und vierundvierzig gebaut worden. Die Front erreichte tatsächlich noch im Oktober 1918 eine Raupenkraftwagenkolonne mit acht Fahrzeugen. Die

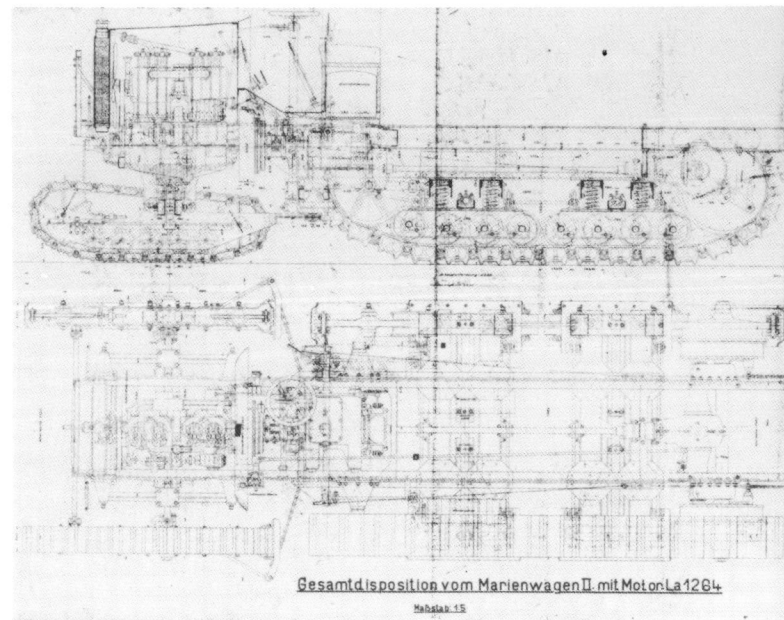

Gesamtdisposition vom Marienwagen II mit Motor La 1264.
Maßstab 1:5

Nach dem Auftreten der ersten englischen Kampfwagen sah man den Aufbau von zur Abwehr von Kampfwagen geeigneten Kanonen auf dem »Marienwagen II« vor.

Da sich die Vorderräder in schwerem Gelände nur bedingt lenken ließen, griff man auch beim »Marienwagen II« wieder auf ein vorderes Kettenpaar zurück. Die Dispositionszeichnung zeigt die technische Auslegung des Fahrgestelles.

Der »Marienwagen II« mit vorderem Kettenlaufwerk. Auch diese Lösung konnte nicht befriedigen.

Montage von Panzerabwehrgeschützen auf die Fahrzeuge der weiteren Fertigung lief noch im November 1918 weiter.
Interessant ist hier noch die Tatsache, daß auf Grund eines Vorschlages der APK vom 7. Oktober 1918 ein Buntfarbenanstrich für Panzerfahrzeuge befürwortet wurde. Schon ab Juli 1918 war der Buntfarbenanstrich allgemein für Heeresgerät eingeführt worden.
Auf Grund der Kriegsverhältnisse mußte bei allen Versuchen zum Bau von Geländewagen auf die vorhandenen Normalfahrgestelle der Armeelastzüge 13, also auf 4–5t Fahrzeuge, zurückgegriffen werden. In diese Fahrgestelle wurden Motoren von 35 bis 50 PS eingebaut. Allerdings verfügte am 10. Februar 1917 das Kriegsministerium für den Marienwagen den Übergang zu Motoren von etwa 100 PS bei gleichzeitiger Erhö-

hung der Nutzlast auf 4 bis 5 t gegenüber den ursprünglichen 2,5 t beim Bremer-Wagen.

Auch der »Marienwagen II« konnte nicht voll befriedigen. So entstand bei Daimler der Entwurf für den »Marienwagen III«, der unter Wegfall der ganzen Vorderachse als Vollkettenfahrzeug ausgelegt war.

Gleichlaufend mit den Versuchen der Daimler-Motoren-Gesellschaft mit dem »Marienwagen« führten die Benz-Werke in Gaggenau ähnliche Entwicklungsarbei-

Die Benz-Bräuer »Kraftprotze« war 1917 als Artillerie-Zugmittel in Angriff genommen worden und zeigte sich ursprünglich als ein Räderfahrzeug, welches durch Anbringen von zusätzlichen Laufrollen in ein Halbkettenfahrzeug umgewandelt werden konnte. Bilder zeigen die erste Versuchsausführung.

Auch die Firma Benz beschäftigte sich mit der Lösung dieses Problemes und versah mehrere Lastkraftwagen des Typs »3 K 2« mit hinteren Kettenlaufwerken. Hier ein Fahrzeug (1917) der 2. Ausführung mit dem Kettenlaufwerk der Kraftprotze »KP«.

ten durch. Unter Verwendung eines normalen »3 K 2«-Lastkraftwagens wurde die Hinterachse durch ein einfaches Kettenlaufwerk ersetzt. Eine zweite Versuchsausführung erhielt die Hinterachse der Kraftprotze »KP« mit Gleiskette und Laufrad. Während der Versuche wurden u. a. die Vorderachsen mit nicht angetriebenen Gleisketten versehen. Ähnlich wie beim Bremer'schen Marienwagen erschwerte jedoch diese Anordnung das Lenken beträchtlich. Auch entgleisten die Ketten fortwährend. Die dritte und endgültige Ausführung erhielt eine Gleiskettenkonstruktion, welche jener der Kraftprotze ähnelte, also mit Federn zum Spannen der Ketten, jedoch ohne normale Laufräder. Nach vorhandenen Unterlagen wurden ungefähr fünfundzwanzig derartige Fahrzeuge (von der ersten Ausführung fünf, von der dritten zwanzig) an das Heer geliefert.

Im Sommer 1917 entstand bei Benz ein Zugfahrzeug für leichte Artillerie, die sogenannte »Kraftprotze«, Typ »KP«. Die erste Versuchsausführung besaß eine einfache Laufkette, bei der die Nasen der Kette in die Eisenbandage des großen Hinterachsrades eingriffen. Die vorderen und hinteren kleinen Leiträder liefen auf starren Achsen, die gegen die Hinterachse abgestützt waren. Dieser Vorläufer der Kraftprotze wies bereits erhebliche Vorteile in Bezug auf Bodenadhäsion und damit in der Zugleistung auf. Weitere Versuchsfahrzeuge hatten an Viertelfedern aufgehängte Leitrollen; auch wurde die Auflagelänge der Kette erhöht. Vorne am Fahrzeug war ein Ausleger mit Abstützrolle angebracht, damit breite Gräben überschritten werden konnten.

Da alle Fahrzeuge auf Grund ihrer geringen Endgeschwindigkeit nur beschränkt verwendungsfähig wa-

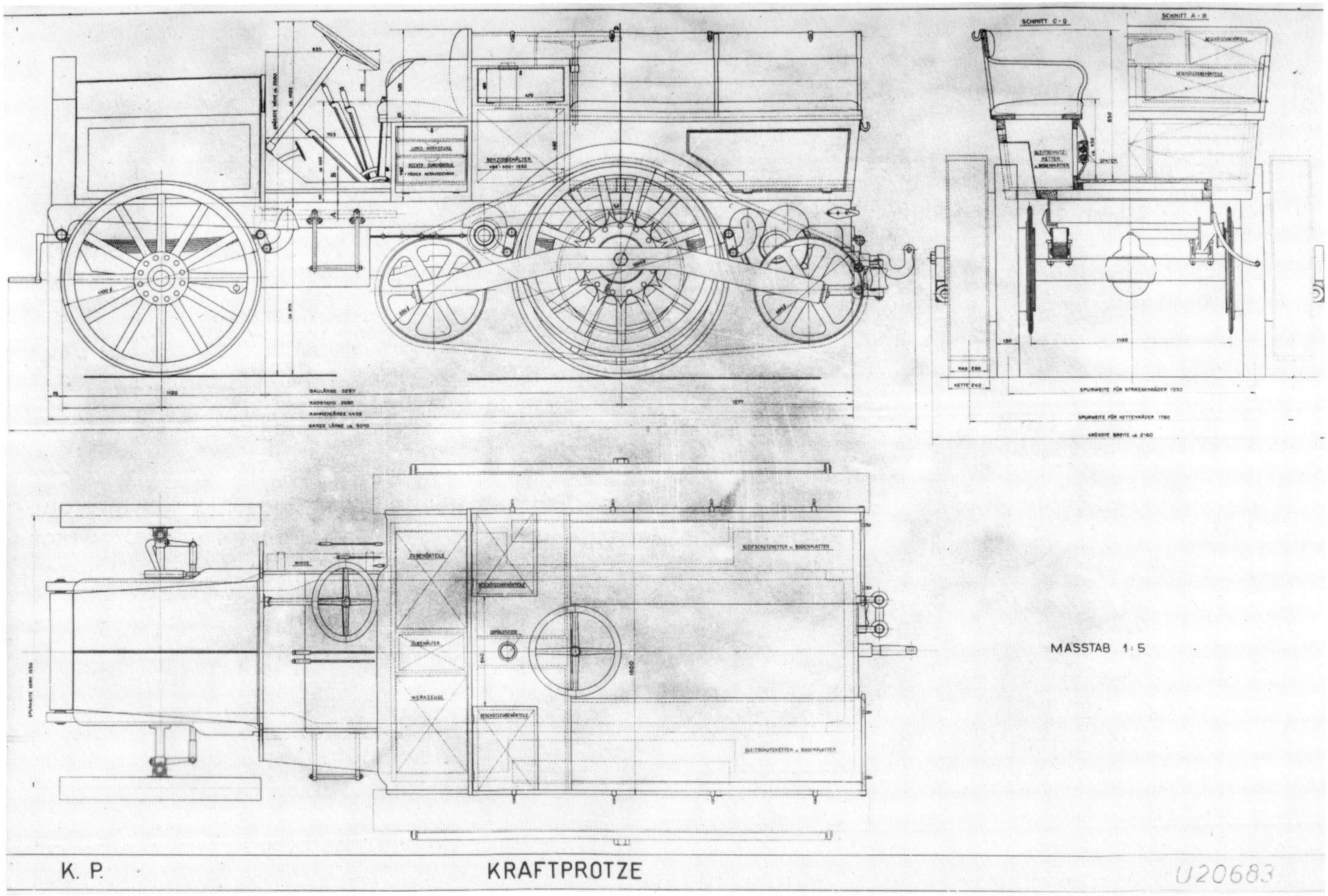

K. P.   KRAFTPROTZE   U20683

Die endgültige Ausführung des Fahrzeuges »KP« sah ein vom Laderaum aus bedienbares Wechsellaufwerk vor. Die Skizze zeigt die Auslegung des Fahrzeuges.

Ein Versuchsfahrzeug der »Kraftprotze« im Gelände. Das Bild zeigt die Anpassungsfähigkeit des Kettenlaufwerkes an Bodenunebenheiten.

50 Stück dieses Fahrzeuges waren bei Kriegsende fertiggestellt. Sie kamen nicht mehr zum Einsatz und mußten verschrottet werden.

ren und auch im Gelände nicht die nötige Zugkraft besaßen, wurde eine Neukonstruktion angeordnet. Die endgültige Ausführung der »Kraftprotze« war mit 50 Stück bei Kriegsende 1918 fertiggestellt, kam jedoch nicht mehr zum Einsatz und mußte verschrottet werden. 200 Stück hatte man ursprünglich bestellt. Das Fahrzeug selbst kam in zwei Ausführungen: als Artilleriezugmaschine Benz-Bräuer oder als kombinierter Geschütz- und Mannschaftstransportwagen. Durch einen mittels Handrad betätigten Exzenter konnte der Gleiskettenantrieb gehoben und gesenkt werden, um die Laufräder bzw. die Gleisketten als Antrieb wirken zu lassen. Durch diese Umschaltung wurde gleichzeitig die Untersetzung beim Gleiskettenantrieb doppelt so hoch wie beim Radantrieb. Das Fahrgestell war auch für einen Schnellkampfwagen vorgesehen, welcher jedoch nicht gebaut wurde.

Eine Feldverwendung gepanzerter Halbkettenfahrzeuge während des Ersten Weltkrieges fand nicht statt.

Es fehlte nicht an Versuchen, auch dieses Fahrgestell gepanzert für einen Schnellkampfwagen zu verwenden. Diese nicht mehr ausgeführte Entwicklung trug die Typenbezeichnung »SK«. Die vordere Gleiskettenführung war nicht mehr starr, sondern um die Achse des großen Gleiskettenrades schwenkbar. Dadurch konnte die vordere Kettenführung derart auf den Boden gedrückt werden, daß sich die Vorderräder vom Boden abhoben.

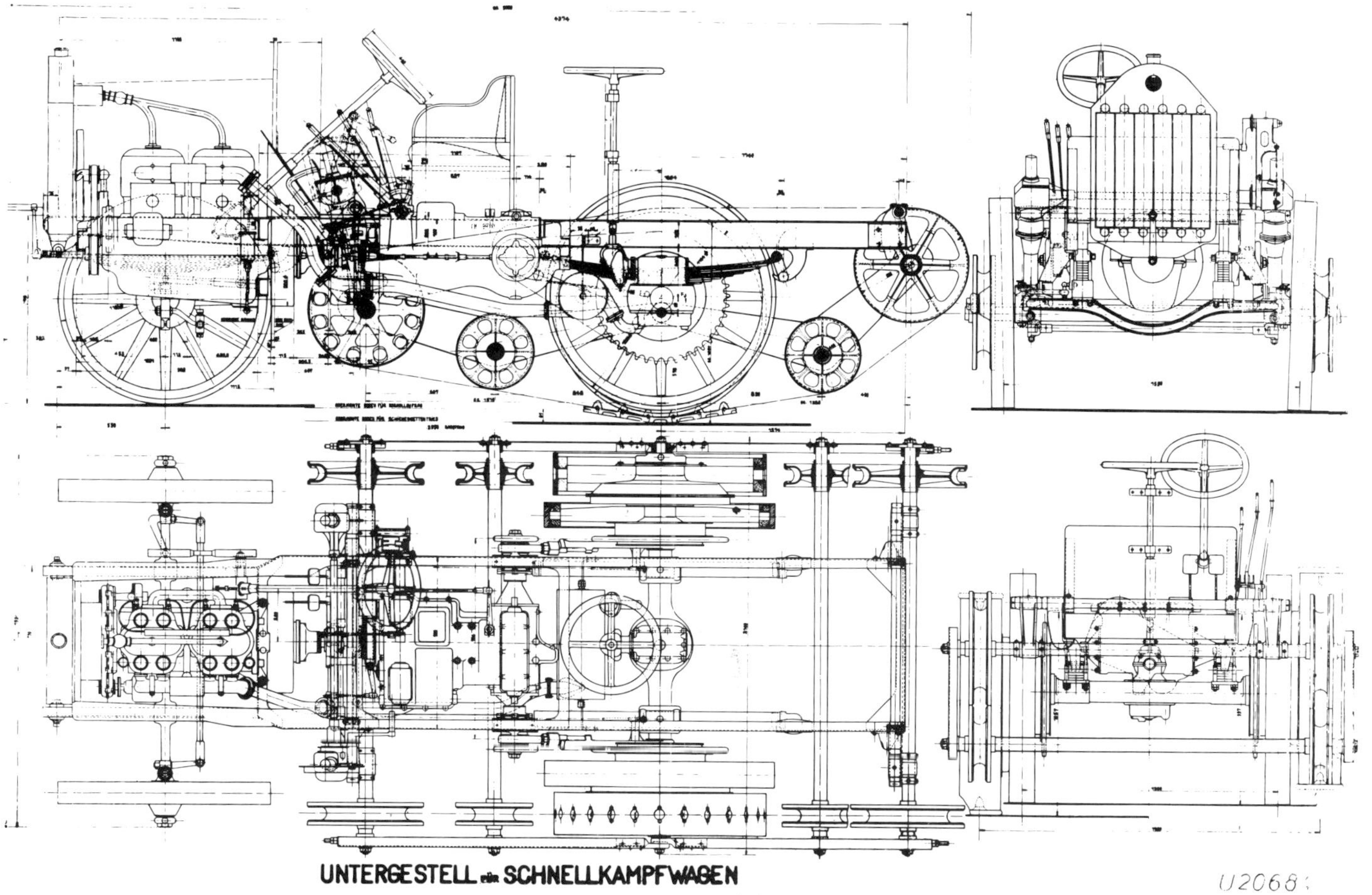

UNTERGESTELL ein SCHNELLKAMPFWAGEN

U2068

Unmittelbar nach Kriegsende führte die Schutzpolizei Versuche mit einem überpanzerten »Marienwagen II« durch. Die Versuche mußten auf Grund des Versailler-Vertrages abgebrochen werden. (Abb. oben)

Das Modell des Orion-Wagens (April 1917). (Oben links)

Unmittelbar nach dem Kriege führte die Schutzpolizei, im Rahmen der Beschaffung von Straßenpanzern für Polizeizwecke, Versuche mit einem Panzerfahrzeug auf »Marienwagen II« Basis durch. Es blieb bei diesem Versuch.

Auf einem normalen 4-t-Lkw-Fahrgestell aufgebaut, hatte das Fahrzeug hinten auf fester, ellipsenartiger Bahn umlaufende Ketten, die Füße trugen. 50 Stück dieses Systems waren bestellt worden, davon einige unter Panzerschutz. Es blieb jedoch bei Prototypen.

B. Ungepanzerte Halbkettenfahrzeuge 1919 bis 1945

Die Frage der Zugmaschinenbeschaffung für die Reichswehr wurde in den Aufbaujahren kritisch beleuchtet, wenn auch die Mittel zu ihrer Beschaffung niemals in ausreichenden Mengen zur Verfügung standen. Ein Schreiben des Wehramtes vom 17. April 1928 verlangte den Ersatz der bisherigen Krupp-Daimler Radzugmaschinen durch modernere Zugmittel. Zur Erhöhung der Geländefähigkeit baute man versuchsweise Raupenlaufwerke an vorhandene Fahrgestelle an, beziehungsweise versuchte man den Räder-Raupen Wechselbetrieb. Die Firma J. A. Maffei AG in München-Allach war hauptsächlich an dieser Entwicklung interessiert und versah ursprünglich den handelübli-

Die Firma Dürkopp in Bielefeld befaßte sich ab 1926 mit dem Entwurf eines Räder-Raupenfahrzeuges, welches zur Aufnahme der 7,7 cm bzw. 8,8 cm Flak bestimmt war.

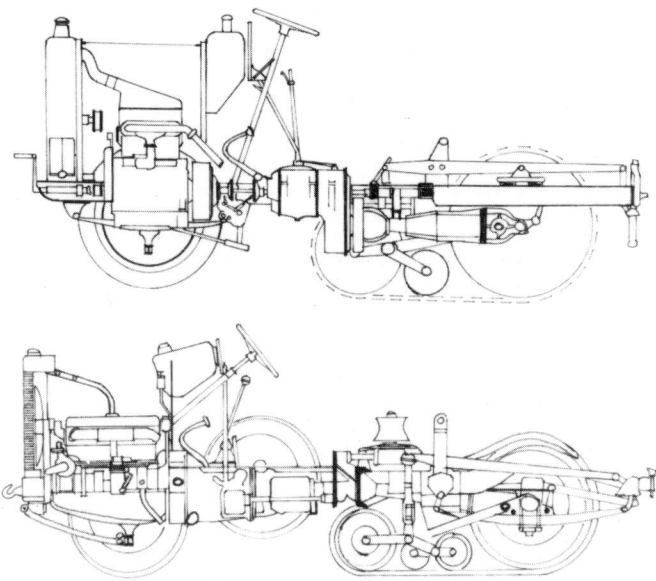

Die Firma Maffei versah ihren Straßenschlepper »ZW 10« mit einem absenkbaren hinteren Kettenlaufwerk um die Zugkraft im Gelände zu erhöhen. Bilder zeigen das Fahrzeug beim Überwinden von Bodenwellen.

Die Skizzen rechts oben geben einen Vergleich zwischen den Fahrzeugen »ZW 10« und »MSZ 201«, einem besonders für Heereszwecke entwickelten Zugfahrzeug.

chen Radschlepper »ZW 10« mit einem absenkbaren hinteren Kettenlaufwerk. Dabei waren Kettenspannräder und Laufrollen fest am Rahmen angebracht. Die hinteren Antriebsräder wurden nach Auflage einer Kette in Zusammenhang mit den anderen Laufwerkstellen zu einem Halbkettenantrieb zusammengefaßt. Die Umstellung von Rad auf Kettenbetrieb konnte in kürzester Zeit erfolgen. 1930 folgte die verbesserte Ausführung »MSZ 201«, die in einer Stückzahl von 24 Einheiten als Gleiskettenmaschine an die Reichswehr geliefert wurde. Ein Vierzylinder Magirus Vergasermotor von 60 PS war eingebaut. Zehn Mann Besatzung oder eine Nutzlast von 1000 kp konnten mitgeführt werden. Das Fahrzeug wog 5,4 t, die Anhängelast betrug 6 t. Die Gleiskettenmaschine »MSZ 10« unterschied sich hauptsächlich von der normalen Straßenzugmaschine, daß das Anbringen einer Gleiskette auch ein Fahren im Gelände ermöglichte. Durch die besondere Anordnung des Laufwerkes wurde erreicht, daß ein Teil der Vorderachslast nach hinten auf die Kettenfläche übernommen wurde, was ein Einsinken der Vorderräder weitgehend ausschloß und das Lenken des Fahrzeuges erleichterte aber auch die Adhäsion zwischen Boden und Kette vergrößerte.

Eine zwischen Kühlertraverse und Vorderachse angebrachte Kufe verhinderte ein Hängenbleiben von tief im Rahmen liegenden Antriebsteilen. Einem ähnlichen

Das Fahrzeug »MSZ 201« als Straßenfahrzeug mit abgenommenen Gleisketten und hochgezogenem Zusatzlaufwerk. Die Reserveräder wurden als bewegliche Stützrollen verwendet. Die Reichswehr beschaffte 24 Stück dieser Fahrzeuge.

Als »Gleiskettenmaschine« mit eingesetztem Kettenlaufwerk und Lastverteilung ergab sich ein auch im Gelände brauchbares Artillerie-Zugmittel. Ein 60 PS Magirus Vergasermotor trieb das Fahrzeug.

Zweck dienten die als Schurrollen aufgehängten seitlichen Reserveräder.

Um beim Fahren mit Gleiskette die Lage der Hinterachse zur Fahrzeugmitte in Längsrichtung zu gewährleisten, war die Hinterachse durch eine Geradführung mit dem Rahmen so verbunden, daß die übrige Bewegungsfreiheit der Achse nicht beeinträchtigt wurde.

Der hinter dem normalen Getriebe eingebaute Schnellgang ermöglichte auf der Straße Geschwindigkeiten bis zu 50 km/h, dadurch ließ sich die im Gelände erforderliche hohe Zugkraft im direkten Gang erzielen.

Zum Ziehen größerer Lasten war das Fahrzeug mit einer Seilwinde ausgerüstet, deren Zugkraft im Höchstfall 3000 kp betrug. Der Antrieb dieses Spills erfolgte durch einen an der linken Seite des Getriebes angebauten Nebenantrieb. Die Seillänge betrug ca. 100 m.

Eine eingebaute Luftpumpe diente zum bequemen Aufpumpen der Bereifung. Am Fahrzeugende befand sich eine drehbare Anhängerkupplung.

Nach Stand der Versuche am 1. Januar 1930 befand sich die Entwicklung dieser Schlepper, welche als handelsübliche, militärisch verbesserte und mit Hilfskettenantrieb für Geländefahrt versehene Radschlepper bezeichnet worden waren, kurz vor dem Abschluß. Als Zugmaschine für leichte und mittlere Artillerie und Pioniere stand zu dieser Zeit ebenfalls noch eine Entwicklung der Dürkopp Werke zur Verfügung, während sich die Maffei Schlepper, wie bereits erwähnt, in Fertigung befanden. Eine Zugmaschine für schwere Artillerie wurde vorläufig zurückgestellt, eine ähnliche Entscheidung erfolgte über eine leichte Zugmaschine für schwere Infanteriewaffen.

Die prinzipielle Festlegung der Heeresmotorisierung auf mittel- und westeuropäischen Straßenverhältnisse bestimmte grundsätzlich die Auslegung neu zu entwickelnder Zugmaschinen. Ein fest ausgebautes Straßennetz verlangte überdurchschnittliche Straßengeschwindigkeiten in Verbindung mit ausreichenden Zugleistungen im Gelände. Halbkettenfahrzeuge schienen diesen Forderungen am ehesten gerecht zu werden.

Jedoch erschien die Aufgabe, ein Gleiskettenfahrgestell für hohe Geschwindigkeit zu entwickeln, zu dieser Zeit als ein fast aussichtsloses Unterfangen. Trotz intensiver Versuchstätigkeit, vor allem in England, lagen

1926 Geschwindigkeiten um 20 km/h noch nicht immer im Bereich der technischen Möglichkeiten. Die Lebensdauer der Kette betrug im Durchschnitt rund 2000 km. Selbst die französischen Kegresse Halbkettenfahrzeuge erreichten nur Geschwindigkeiten bis zu 25 km/h mit einer Kettenlebensdauer von etwa 3–5000 km.

Das berühmte »Kegresse« Halbketten-Laufwerk, welches weite Verbreitung fand.

WaPrüf 6 war daher gezwungen, bewußt bei der Entwicklung des deutschen Halbkettenfahrzeuges vom Vollkettenfahrzeug auszugehen. Nach anfänglichen Versuchen mit Gummibändern anstelle der Ketten, setzte sich rasch die Überzeugung durch, daß lediglich eine Stahlkette den Anforderungen hinsichtlich Festigkeit und Lebensdauer sowie der Auswechselbarkeit schadhafter Teile in Frage kommen könnte. Dabei galt es den Fahrwiderstand eines Kettenlaufwerkes für hohe Geschwindigkeiten erheblich zu senken, die Verschleißzeiten höher zu schrauben, sowie den Geräuschpegel zu senken. Durch systematische Versuchsarbeit konnte ein Kettenlaufwerk entwickelt werden, welches den gestellten Forderungen weitgehend entsprach. Besonders wertvoll bei dieser Entwicklung war ein ortsfester Prüfstand für Laufwerke von Kettenfahrzeugen, der Geschwindigkeiten bis zu 80 km/h und Fahrzeuggewichte bis zu 20 t erlaubte. Damit ließ sich ermitteln:

– der Gesamtwiderstand eines gegebenen Kettenlaufwerkes in Abhängigkeit von Geschwindigkeit, Leistung, Fahrzeuggewicht und Schlupf.

– Rollwiderstand und Lagerreibung der Laufräder in Abhängigkeit von Geschwindigkeit und Fahrzeuggewicht.

– Leerlaufwiderstand der Gleiskette nach Ausbau der Laufräder.

Aus den Versuchsergebnissen ergab sich ein Kettenlaufwerk mit folgenden besonderen Merkmalen:
– geschmierte Kettengelenke
– große Laufräder
– Vornantrieb der Gleiskette
– Zahnrollen am Triebrad
– Gummireifen für Lauf-, Trieb- und Leiträder
– Gummipolster zum Schutz der Kettenglieder

Durch die Verwendung solcher Auslegung ließen sich bei Geschwindigkeiten bis zu 50 km/h auf fester Straße folgende Ergebnisse erzielen:
– Der Fahrwiderstand lag nur noch 5–10 % höher als bei Radfahrzeugen
– Die Verschleißfestigkeit kam der einer normalen Bereifung sehr nahe
– Der Geräuschpegel lag nicht höher als der der älteren Lastkraftwagen mit Kettenantrieb der Hinterräder

So gestattete dieses Laufwerk hohe Geschwindigkeiten bei verhältnismäßig geringem Kraftaufwand. Lediglich die für die Straßenfahrt erforderliche Feinfühligkeit der Lenkung konnte mit den bekannten Lenkgetrieben nicht erreicht werden. Um diesen Mangel zu beseitigen, wurden die Fahrzeuge zusätzlich mit Vorderrädern ausgerüstet, die allein jedoch nur das Durchfahren von schwachen Kurven und Richtungskorrekturen bei hoher Geschwindigkeit ermöglichten, während die starken Kurven durch Beeinflussung des Lenkgetriebes von der normalen Lenkung aus durchfahren wurden. Die Verwendung von geschmierten Stahlketten gestattete ferner, durch entsprechende Bemassung die Ketten den verlangten Zugkräften anzupassen. Eine von jeglichen Bindungen an handelsübliche Lastwagenbauarten freie Konstruktion des gesamten Fahrgestelles hatte einen Kraftfahrzeugtyp entstehen lassen, der unter Inkaufnahme gewisser Mängel ein allen bekannten Ausführungen weit überlegenes Zugmittel darstellte.

Für die technische Auslegung dieser Fahrzeuge zeichnete Ernst Kniepkamp verantwortlich, der ab 1925 beim Heereswaffenamt beschäftigt, ab 1936 der zivile Chef der Abteilung WaPrüf 6 wurde.

Nach Bedarfsfestlegung und Modellauswahl wurde die Entwicklung der Fahrzeuge Patenfirmen übertragen, welche grundsätzlich die systematische Entwicklung und Erprobung der Prototypen durchführten und die Fahrzeuge produktionsreif entwickelten.

Das zu dieser Zeit vorgesehene Bauprogramm sah folgende Zugmaschinentypen vor:

Eine Gegenüberstellung der sechs Grundtypen von Zugkraftwagen der deutschen Wehrmacht. Die Skizzen auf der rechten Seite werden durch das Photo ergänzt. (von links nach rechts): Zgkw 1 t – Zgkw 3 t – Zgkw 5 t – Zgkw 8 t – Zgkw 12 t und Zgkw 18 t

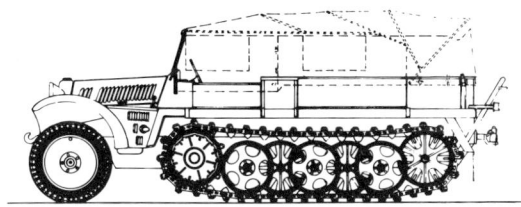

leichter Zugkraftwagen 1 t (Sd. Kfz. 10)
DEMAG Typ "D 7"

leichter Zugkraftwagen 3 t (Sd. Kfz. 11)
HANOMAG Typ "H kl 6"

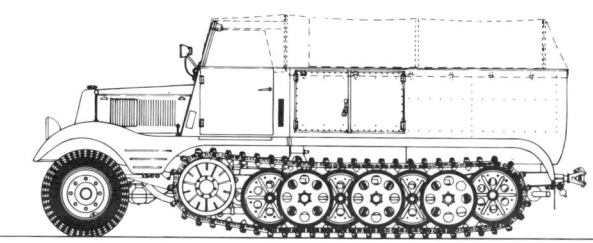

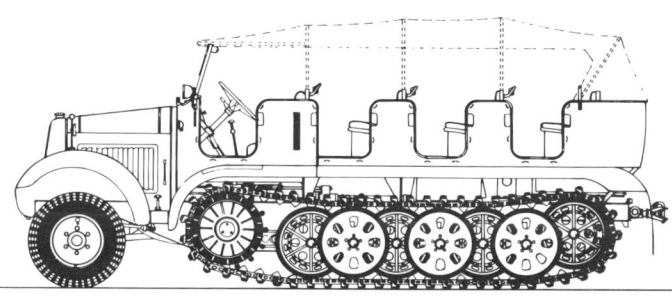

leichter Zugkraftwagen 5 t (Sd. Kfz. 6)
Buessing-NAG Typ "BN 9"

mittlerer Zugkraftwagen 8t (Sd. Kfz. 7)
Krauss-Maffei Typ "KM m 11"

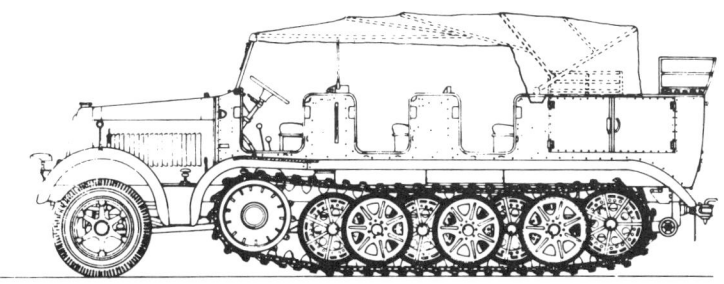

schwerer Zugkraftwagen 12 t (Sd. Kfz. 8)
Daimler-Benz Typ "DB 10"

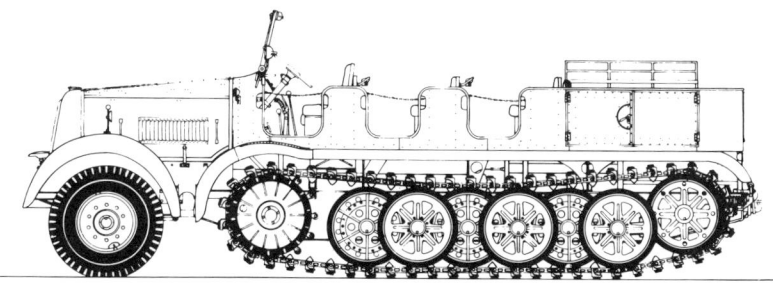

schwerer Zugkraftwagen 18 t (Sd. Kfz. 9)
FAMO Typ "F 3"

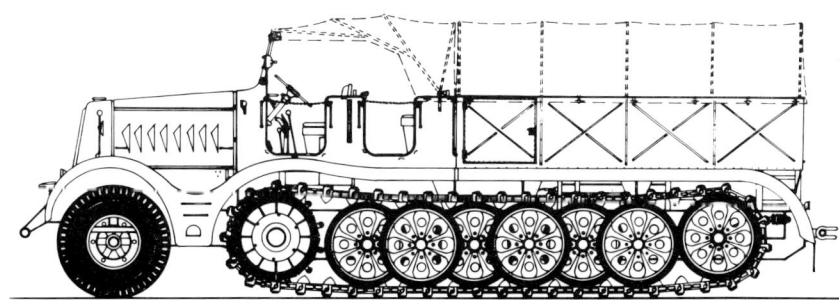

1 t Halbketten-Baureihe	Patenfirma: Demag AG, Wetter/Ruhr
3 t Halbketten-Baureihe	Patenfirma: Hansa-Lloyd-Goliath AG,
5 t Halbketten-Baureihe	Patenfirma: Büssing-NAG, Berlin-Oberschöneweide
8 t Halbketten-Baureihe	Patenfirma: Krauss-Maffei AG, München-Allach
12 t Halbketten-Baureihe	Patenfirma: Daimler-Benz AG, Berlin-Marienfelde
18 t Halbketten-Baureihe	Patenfirma: Famo, Breslau

Nach Abschluß der Entwicklung der Fahrzeuge wurden sogenannte Nachbaufirmen eingeschaltet, welche sich an der Produktion beteiligten.

Die technische Auslegung der Fahrzeuge folgte grundsätzlich gleichen Richtlinien. Diese Halbkettenfahrzeuge mit gummibereifter Vorderachse und hinterem Kettenlaufwerk wurden durch einen wassergekühlten Sechs- bzw. Zwölfzylinder-Maybach-Motor angetrieben, welcher über eine Scheibenkupplung ein Wechselgetriebe beeinflußte, welches in einem gemeinsamen, mehrteiligen Gehäuse Wechsel-, Untersetzungs- und Lenkgetriebe aufnahm. Das Lenkgetriebe übernahm die Doppelaufgabe eines Ausgleichs- und Lenkgetriebes. Über starrgekuppelte Seitenwellen und Stirnradvorgelege wurden die vorne liegenden Kettentriebräder angetrieben. Die nicht angetriebene Vorderachse war fast ausschließlich durch Blattfedern mit dem Rahmen verbunden, während die Kettenlaufwerke im Anfang der Entwicklung mit Halbfedern, in späteren Ausführungen größtenteils mit Drehstäben abgefedert wurden. Der Rahmen bestand fast immer aus zwei geschweißten Längsträgern mit eingeschweißten U- und Rohrquerträgern.

1-t-Halbketten-Baureihe und leichter Wehrmachtsschlepper

Noch 1934 bedurfte die Frage der Bereitstellung der erforderlichen Zugmittel einer eingehenden Prüfung. Die Freigabe dieser Zugmaschinen für die Serienfertigung

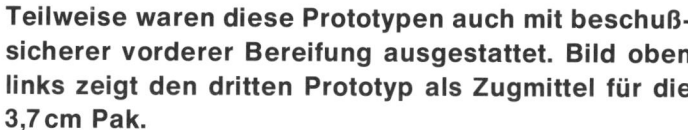

Teilweise waren diese Prototypen auch mit beschußsicherer vorderer Bereifung ausgestattet. Bild oben links zeigt den dritten Prototyp als Zugmittel für die 3,7 cm Pak.

Der dritte Prototyp mit geändertem Laufwerk. Auch wurde der Radstand zwischen Vorderrad und Antriebsrad vergrößert. (Oben rechts)

Linke Bildspalte, von oben nach unten: Als Zugmittel für leichte Lasten entwickelte die Demag AG 1934 den Typ »D II 1«, der hier mit einem hinten liegenden BMW »315« Motor gezeigt ist.

Dem ersten Fahrzeug folgte 1935 der zweite Prototyp »D II 2«, der noch immer keine Einführungsreife besaß. Mit ihm konnten lediglich die kraftfahrtechnischen Ansprüche befriedigt werden.

Der dritte Prototyp »D II 3« erhielt 1936 den stärkeren BMW »319« Motor. Eine verbesserte Mannschaftsunterbringung war nunmehr berücksichtigt.

Die Draufsicht zeigt die Auslegung des Führersitzes und die Unterbringung des Besatzung.

Leichter Zugkraftwagen 1t (Sd. Kfz. 10)

sollte ab 1. September 1934 erfolgen. Falls notwendig war als Übergangslösung der Dreiachslastkraftwagen vorgesehen. Vorbereitende Arbeiten an diesem leichten Fahrzeug durch die Demag AG, Werk Wetter/Ruhr, schufen Prototypen, welche 1934/35 eingehend erprobt wurden. Es handelte sich hierbei um die Typen »D II 1« und »D II 2«, welche beide mit dem BMW-Sechszylindermotor Typ »315« mit 28 PS ausgerüstet waren. Der dritte Prototyp »D II 3« erhielt 1936 den stärkeren Motortyp »319«. Teilweise waren diese Fahrzeuge mit vollgummibereiften (beschußsicheren) Vorderachsen versehen. 1936/37 erschien der Typ »D 4« als Projekt; dieses Fahrzeug wurde jedoch nicht gebaut und war nur in der Planungsunterlage vorhanden. Zum Einbau vorgesehen wurde der Maybach-Vierzylinder-Vergasermotor »HL 25« mit 65 PS. Das errechnete Gesamtgewicht betrug 3750 kp, die Anhängelast 600 kp. Die Spurweite der Ketten belief sich auf 1500 mm. Mit Außenmaßen 4750 x 1900 x 1750 mm glich der grundsätzliche Aufbau dem Typ »D II 3«. Der von 1937 bis 1938 gebaute Nachfolgetyp »D 6« ging als vorläufige Abschlußausführung mit dem Maybach Motor »HL 38« in Serie und war als Standardzugmittel für die 3,7 cm Pak, den

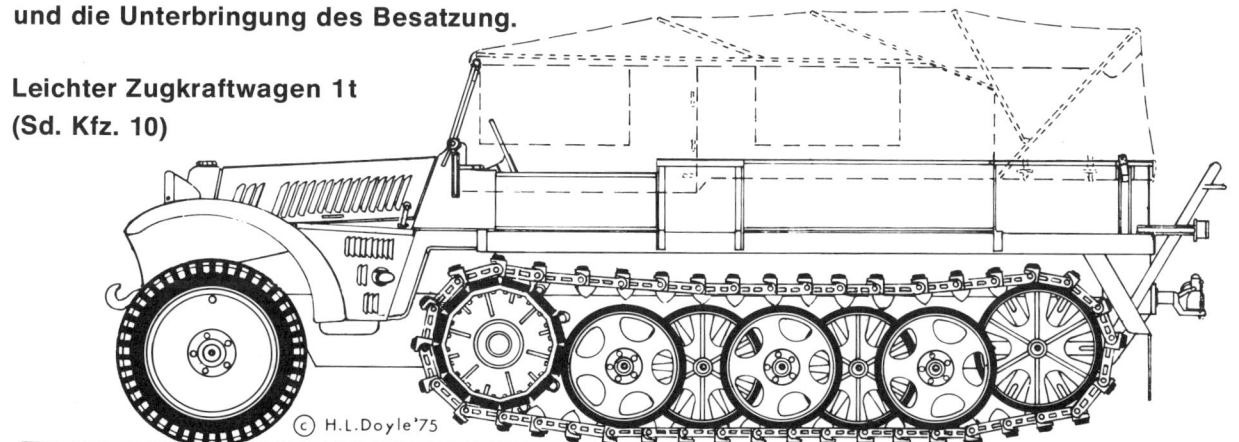

© H.L.Doyle '75

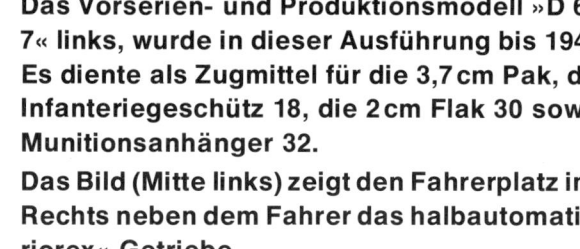

Das Vorserien- und Produktionsmodell »D 6« bzw. »D 7« links, wurde in dieser Ausführung bis 1944 gebaut. Es diente als Zugmittel für die 3,7 cm Pak, das leichte Infanteriegeschütz 18, die 2 cm Flak 30 sowie für den Munitionsanhänger 32.

Das Bild (Mitte links) zeigt den Fahrerplatz im Zgkw 1 t. Rechts neben dem Fahrer das halbautomatische »Variorex« Getriebe.

Das Kettenlaufwerk der 1-t-Zugmaschine zeigt das Antriebsrad, die gestaffelten Laufräder, sowie das hinten liegende Leitrad.(Mitte rechts)

Während des Krieges wurden die mit fast 17 500 Einheiten gebauten Zgkw 1 t als Zugmittel für Panzerabwehrgeschütze sowie für viele andere Versorgungsaufgaben eingesetzt. (Unten, links und rechts)

Als erste Abart erschien der in seinem Äußeren fast unveränderte »Gasspürer-Kraftwagen« (Sd. Kfz. 10/1). Mit 8 Mann Besatzung betrug das Gewicht der eingebauten Geräte 150 kp.

Der »leichte Entgiftungs-Kraftwagen« (Sd. Kfz. 10/2) folgte. Die Besatzung bestand aus 4 Mann, die Entgiftungs-Stoffladung 400 kp. Das Fassungsvermögen des Streukastens betrug 200 kp, eine Streubreite von 1 m wurde erreicht.

Als letztes Fahrzeug für die »Nebeltruppe« folgte der »leichte Sprühkraftwagen« (Sd. Kfz. 10/3), der zum Anlegen von Geländeverstärkungen durch Kampfstoff geeignet war. Der Inhalt des Behälters betrug 500 Liter. Das Ausbringen und die Verteilung erfolgte durch Druckluft mittels einer Schwenkvorrichtung. Bahnen bis zu 16 m Breite konnten angelegt werden.

Sonderanhänger 32, die 2 cm Flak und das leichte Infanteriegeschütz 18 vorgesehen. Die Abschlußausführung »D 7«, von 1938 bis 1944 gebaut, besaß ursprünglich noch immer den Motor »NL 38«, später jedoch den Motor »HL 42« mit 100 PS als Kraftquelle. Dieses Fahrzeug führte die offizielle Bezeichnung »leichter Zugkraftwagen 1 t« (Sd. Kfz. 10). Gebaut wurde das Fahrzeug nicht nur von Demag, sondern auch von Adler, Büssing-NAG, Mechanische Werke Cottbus, MIAG, M. N. H.-Hannover und von den Saurer-Werken in Wien. Am 20. Dezember 1942 befanden sich 11 116 dieser Fahrzeuge bei verschiedenen Verbänden der Wehrmacht. 1943 wurden 2724 dieser Fahrzeuge hergestellt, während 1944 die Jahresproduktion 873 Stück betrug. Insgesamt wurden ca. 17 500 der 1 t Zugkraftwagen gebaut.

Hitler hatte schon im Januar 1943 bemerkt, daß der 1 t Zugkraftwagen zugunsten eines Mehrausstoßes des Dreitonners auslaufen sollte. Während des Krieges waren auch namhafte französische Firmen in dieses Bauprogramm eingeschaltet, und zwar Peugeot, Renault, Lorraine, Panhard und Simca.

Die Firma Gaubschat in Berlin rüstete Fahrzeuge der 1 t-Baureihe für den großen Fernsprechtrupp a (mot.) aus. Als Sonderkraftfahrzeug 10/1 lief das Fahrzeug bei der Nebeltruppe als Gasspürerkraftwagen. Es diente zur Beförderung von Mannschaften und Gerät zum Spüren von Kampfstoffen. Acht Mann Besatzung waren vorgesehen. Die Nebeltruppe verwendete ebenfalls das Sd. Kfz. 10/2, den leichten Entgiftungskraftwagen. Er diente zum Anlegen von mit Entgiftungsstoff bestreuten Gassen in Gelände, welches durch Geländekampfstoff vergiftet war. Außerdem konnten Anhängelasten gezogen werden. Vier Mann Besatzung waren vorgesehen. Als drittes Fahrzeug diente das Sd. Kfz. 10/3, der leichte Sprühkraftwagen. Mit diesem Fahrzeug konnten Geländeverstärkungen durch seßhaften Kampfstoff bis zu 16 m Breite angelegt werden. Ein hinten aufgebauter Behälter mit 500 l Inhalt wurde durch einen Luftverdichter unter Druck gesetzt. Ein anderes Fahrzeug dieser Baureihe lief als Selbstfahrlafette für die 2 cm Flak 30. Auf dem Fahrzeug selbst waren untergebracht: die Waffe mit 360° Drehkreis, die vollständige Bedienung mit sieben Mann, geringe Teile des Geschützzubehöres und 280 Schuß Munition. Der Rest der Ausrüstung wurde auf einem Einachsanhänger mitgeführt. Die Höchstgeschwindigkeit betrug 50 km/h. Die Bezeich-

Das Sd. Kfz. 10/4 war eine Selbstfahrlafette für die 2 cm Flak 30. Das Bild zeigt einen der frühen »D II 3« Prototypen als Grundlage für diese Entwicklung.

Bild zeigt das Fahrzeug vor dem Waffenaufbau. Die Seitenwände konnten abgeklappt werden, um die Schußplattform zu vergrößern.

Ursprünglich blieben Waffe und Fahrzeug ungeschützt, was bald hohe Verluste verursachte. Wegen des hohen Aufzuges wurden zuerst die Geschütze hinter Panzerschutz gebracht.

Später ergaben sich auch gepanzerte Fahrerhäuser, die den oft notwendigen Erdeinsatz dieser Fahrzeuge erleichterten.

Während des Krieges ergab sich die Verwendung dieser Fahrzeuge als Selbstfahrlafetten für den Einsatz der 3,7 und 5 cm Panzerabwehrkanonen.

nung dieser Fahrzeuge lautete: »Selbstfahrlafette mit 2 cm Flak 30« (Sd. Kfz. 10/4). Ein Teil von ihnen erhielt während des Krieges gepanzerte Fahrerhäuser und Schutzschilde für die Bewaffnung.

Behelfsmäßig aufgebaut waren auch die 3,7 cm und 5 cm Panzerabwehrkanonen. Das Fahrgestell bildete mit geringen Änderungen (Weglassen eines Laufradpaares) die Grundlage für den leichten gepanzerten Kraftwagen (Sd. Kfz. 250).

Als Abschluß der Baureihe erschien 1939 das Projekt »D 8«. Dieses Fahrzeug war jedoch nur zeichnerisch erfaßt. Der Maybach Motor »HL 42« war weiterhin vorgesehen, das Gesamtgewicht jedoch auf 5800 kp erhöht. Die Höchstgeschwindigkeit sollte 74 km/h und die Außenmasse 7070 x 1824 x 1750 mm betragen.

Die Firma Adler Werke AG in Frankfurt a. M. hatte 1937 einen Auftrag erhalten, eine ähnliche Baureihe von

Die von den Adler-Werken entwickelte HK. 300 Baureihe sollte die bestehende Zgkw 1t Serie ablösen. Bilder zeigen Seiten- und Vorderansicht des ersten Prototyps dieser Baureihe, den Typ »A 1«. Die Serie kam über Prototypen nicht hinaus.

Bildreihenfolge von oben nach unten: 1939 folgte der zweite Prototyp mit der Bezeichnung »A 2«.

Das Fahrzeug »A 2« wurde auch mit unterschiedlichen Aufbauten erprobt.

Anfangs 1940 stand der Prototyp »A 3« zur Verfügung, der hier mit einem Mannschaftsaufbau versehen ist.

Für den Einsatz bei Stäben wurde der Prototyp »A 3 F« mit einem geschlossenen Aufbau konzipiert.

Als Abschlußfahrzeug der »HK. 300« Baureihe ergab sich das Fahrzeug »HK. 301«, welches ebenfalls nicht in Serie ging.

leichten Halbkettenzugmaschinen zu schaffen. Die Entwicklung lief unter der Bezeichnung »HK. 300«. Die ersten Fahrzeuge dieser Baureihe mit der Typenbezeichnung »A 1« wurden 1938/39 gebaut und mit dem Vierzylinder-Maybach-Vergasermotor »HL 25« mit 65 PS ausgerüstet. In ihrem Gesamtaufbau ähnelten die Fahrzeuge sehr der Demag-Baureihe. 1939 erschien der zweite Prototyp »A 2« mit dem stärkeren Maybach-Motor »HL 28« mit 78 PS und einem Gesamtgewicht von 2600 kp. Der dritte Prototyp »A 3« Baujahr 1939/40, hatte wiederum den Maybach-Motor »HL 25« und 3450 kp Gesamtgewicht. Eine Abart dieses Fahrzeuges stellte der Typ »A 3 F« dar, welcher, ausgerüstet mit dem »HL 28«-Motor, als geschlossenes Stabsfahrzeug ausgelegt war. Die Abschlußausführung dieser Serie erschien 1941, und zwar war von der »kleinen Zugmaschine HK. 301« am 16. August 1941 ein Versuchsmuster ausgeliefert; vier weitere folgten. Ein Auftrag über die Fertigung einer Nullserie von 50 Stück war erteilt, die Fahrzeuge selbst wurden jedoch nicht gebaut.

Hitlers Auftrag über stark vereinfachte Zugmaschinen von 1941 führte zu einer Aufforderung des Heereswaffenamtes vom 7. Mai 1942 an Adler, ein Zugmittel für eine Anhängelast von 3 t zu schaffen. Voraussichtlicher Fertigungsbeginn sollte das Frühjahr 1943 sein. Die beiden ersten Prototypen des sogenannten »leichten Wehrmachtsschleppers« wurden von 1942 bis 1943 ge-

Adler entwickelte ab 1942 Prototypen eines »leichten Wehrmachtsschleppers«, von dem lediglich drei Ausführungen bekannt wurden. Bild zeigt den ersten Prototyp mit Panzerung für Motor und Fahrerhaus.

Der zweite Prototyp zeigte eine ähnliche Aufmachung, auch hier gab es keine Serienproduktion. Die Fahrzeuge sollten als Versorgungswagen, als Zugmittel sowie als Selbstfahrlafetten Verwendung finden.

Vom dritten Prototyp existieren nur noch Übersichtszeichnungen, welche die Drehstabanordnung des Laufwerkes zeigen.

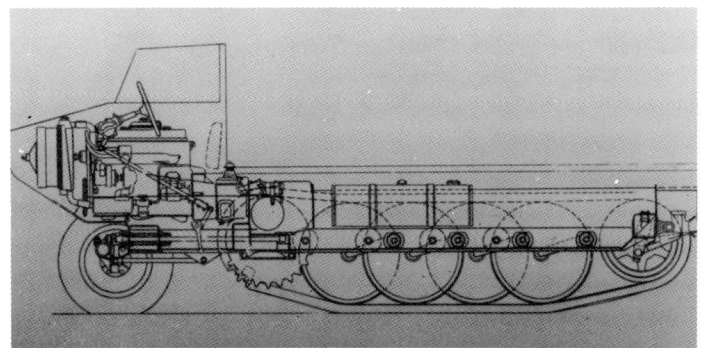

baut und mit dem Maybach-Vierzylindermotor »HL 30« mit 95 PS Leistung ausgerüstet. Diese Fahrzeuge sollten, teilweise gepanzert, auch als Selbstfahrlafetten Verwendung finden. 1944 folgte der dritte Prototyp, welcher nunmehr mit dem Maybach-Motor »HL 42« ausgerüstet war. Das Gesamtgewicht betrug 8210 kp. Ein ZF-Adler-Vierganggetriebe mit Zusatzgetriebe wurde zum Einbau vorgesehen, während die schon beim »Raupenschlepper Ost« verwendeten Scheibenbremsen auch hier zum Einbau kamen. Ungeschmierte Ketten bildeten ein typisches Kennzeichen für diese Baureihe. Die Kriegsereignisse ließen die Produktion dieser Fahrzeuge nicht mehr zu und es blieb bei diesen Prototypen. Mit dem Halbkettenfahrzeug 305, welches 1944 noch als Projekt in die Planung aufgenommen wurde und baugleich mit dem dritten Prototyp des leichten Wehrmachtsschleppers lediglich den Einbau eines Maybach-»OLVAR«-Getriebes vorsah, endete diese Entwicklung.

Wegen des Mangels an Zugmaschinen machte Speer noch im Oktober 1944 den Vorschlag, einen leichten »niedrigen Zugkraftwagen« zu fertigen. Hitler war am 1. November 1944 der Meinung, »daß hierzu die Bauteile des 1 t-Zgkw. besonders geeignet wären, wobei Getriebe und andere Übersetzungsaggregate vom 3 t-Zgkw. übernommen werden könnten«.

3 t-Halbketten- und HK. 600-Baureihe

Diese durch die Firma Hansa-Lloyd-Goliath AG in Bremen betriebene Entwicklung begann im Jahre 1933 und schuf als ersten Prototyp das Fahrzeug »HL.kl.2«. Mit einem Sechszylindermotor vom Typ »3500« ausgerüstet, wog das komplette Fahrzeug ca. 5 t und hatte eine Nennzugleistung von 3 t. Die 1935 erschienene verbesserte Ausführung »HL. kl.3« besaß schon die Kühleratrappe aller folgenden Modelle.

Bereits zu dieser Zeit wurden Versuche angestellt, diese Fahrgestelle durch Einbau des Motors im Fahrzeugheck für gepanzerte Aufbauten nutzbar zu machen. Die aus diesen Versuchen entstandenen Fahrzeuge hatten die Typenbezeichnungen »HL.kl.3 (H)« und ab 1936 »HL.kl.4 (H)«. Als Abschluß dieser Entwicklung ent-

Als einer der ersten Prototypen in der 3-t-Halbketten- und HK. 600 Baureihe ergab sich 1934 der von Hansa-Lloyd-Goliath gebaute Typ »HL kl 2«. (Links)

Der Rahmen des Fahrzeuges »HL kl 2« mit den Schwingarmen für das Kettenlaufwerk. (Mitte links)

Das Fahrgestell »HL kl 2« zeigt den typischen Aufbau deutscher Halbkettenfahrzeuge. ➡

stand 1938 der Typ »H 8 (H)«, für den die Firma Hanomag verantwortlich zeichnete.

1936 erschien bereits die Produktionsausführung des Fahrzeuges, der Typ »HL kl 5« (Fgst. Nr. 1937 320001–320195/1938 320196–320506), der allerdings noch immer mit dem 3,5ltr. Hansa-Lloyd Motor ausge-

rüstet war. Mit einem Betriebsgewicht von 6,5t diente das Fahrzeug als Zugmittel für die leichte Feldhaubitze (10,5cm le F.H. 18), einen Munitionsanhänger oder für den mittleren Minenwerfer. Der Fahrzeugpreis (ohne Seilwinde) betrug RM 20000,–. Die offizielle Bezeichnung des Fahrzeuges lautete »leichter Zugkraftwagen

Die 1936 erschienene Ausführung »HL kl 3« zeigte bereits die endgültige Auslegung der Kühlermaske. Nur geringfügige Änderungen gegenüber dem Vorgänger.

34

Bild zeigt eines der Vorserienfahrzeuge als Zugmittel für die 10,5 cm leFH (leichter Zugkraftwagen 3 t (Sd. Kfz. 11).

Das Vorserienfahrzeug »HL kl 5« mit dem endgültigen Aussehen des Produktionsmodelles. Es wies jedoch am Laufwerk noch einige Unterschiede auf. So waren die innen liegenden Laufräder noch als Vollräder ausgebildet.

Die Bilder zeigen die Abschlußausführung dieser Baureihe als Fahrgestell und sein Verhalten in schwierigem Gelände (Typ H kl 6).

35

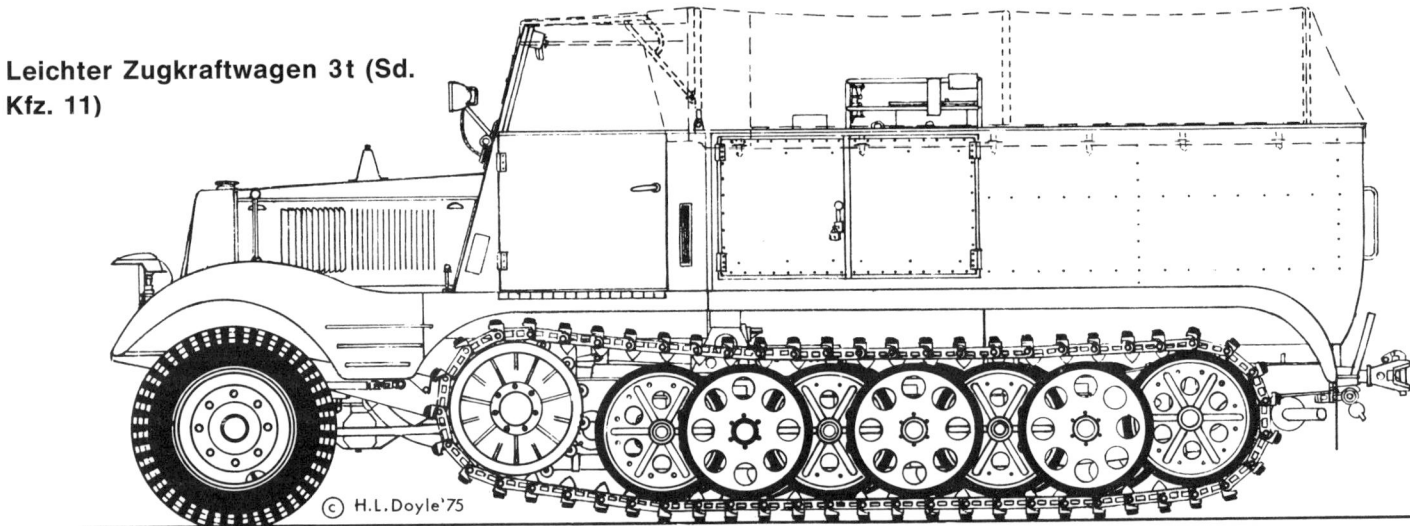

Leichter Zugkraftwagen 3t (Sd. Kfz. 11)

H.L.Doyle'75

Linke und rechte Seitenansicht der Serienausführung des mittleren Zugkraftwagens 3t (Sd. Kfz. 11). Seitlich im Aufbau waren Munitionsfächer untergebracht, der Einstieg für die Geschützbedienung erfolgte von rückwärts.

3 t (Sd. Kfz. 11)«. Vier Fahrgestelltypen wurden ursprünglich in die Planung aufgenommen und zwar die Typen »H kl 6« (Sd. Kfz. 11), »H kl 6 n« (Sd. Kfz. 11/1 und 11/4), »H kl 6 s« (Sd. Kfz. 11/2) und »H kl 6 k« (Sd. Kfz. 11/3). Jede Fahrgestellart war in ihrer Rahmenausführung in Einzelheiten verschieden. Mit der Typenbezeichnung wurde ebenfalls angedeutet, daß nunmehr die Hanomag in Hannover die Weiterentwicklung dieser Fahrzeuge übernommen hatte, Hanomag schuf dann auch ab 1938 den Abschlußtyp »H kl 6«, der in den ersten Baureihen noch mit dem Maybach »HL 38 TUKR« Motor ausgerüstet war. Spätere Baureihen erhielten den Maybach »HL 42 TUKRM« Motor, der neben Maybach auch von den Firmen Nordbau GmbH, Berlin-Niederschöneweide und Auto-Union AG, Werk Horch Zwickau/Sa. gebaut wurde. Während ursprünglich nur die Firmen Hanomag, Abt. Tb in Hannover-Linden und C. F. W. Borgward (früher Hansa-Lloyd und Goliath-Werke in Bremen) (Fgst. Nr. 1939 320507–320830 mit Motor HL 38) die Fahrgestelle herstellten, kamen später noch die Firmen Adlerwerke AG, vorm. Heinrich Kleyer in Frankfurt a. M., Auto-Union AG, Werk Horch in Zwickau/Sa. und die AG vorm. Skodawerke, Abt. D-J hinzu. Die Fahrzeuge unterschieden sich lediglich durch das am Kühler angebrachte Hersteller-Firmenschild.

Die Gleisketten, deren Erzeugung immer einen Engpaß bildete, wurden von den Firmen Karl Ritscher GmbH, Moorburger Trecker-Werke in Moorburg bei Hamburg-Siemag, Siegener Maschinenbau GmbH., in Dahlbruch/Westfalen-Adlerwerke AG, vorm. Heinrich Kleyer in Frankfurt a. M. und Metallwerke Karl Michler GmbH, Abt. Bearbeitungswerk in Leipzig gefertigt.

Die Aufbauten für diese Fahrzeuge, die in Abweichung von den größeren Typen längsliegende Sitzbänke für die Mannschaft mit rückwärtigem Einstieg aufwiesen, wurden hauptsächlich von den Firmen Drettmann in Lesum und Bauer in Köln gebaut. Vereinzelt wurden die üblichen Pionieraufbauten mit seitlichen Einstiegen sowie für die Deutsche Seenot-Gesellschaft Krankenwagen-Aufbauten aufgesetzt.

Die Firma C. F. W. Borgward lieferte für den Fahrgestelltyp »H kl 6 s« den Nebenantrieb I, während der Fahrgestelltyp »H kl 6 k« mit oder ohne Nebenantrieb II lieferbar war. Die Fahrgestelle 795122 bis 795267 der Firma Hanomag hatten einen geänderten Kraftstoffbehälter.

Vereinzelt wurden die 3-t-Fahrzeuge auch mit den üblichen Pionieraufbauten mit seitlichen Einstiegen versehen.

Für den Fahrgestelltyp »H kl 6 k« (Sd. Kfz. 11/3) lieferte die Firma Knorr-Bremse AG, in Berlin einen Luftpresser.

Bis Fahrgestell Nr. 795090 (Hanomag) und 320417 (Hansa-Lloyd) wurde eine 7,25-20 extra Bereifung verwendet, während ab Fahrgestell Nr. 795091 (Hanomag) und 320418 (Hansa-Lloyd) Reifen der Größe 190-18 aufgezogen wurden. Ab Fahrgestell Nr. 820760 wurden sämtliche Kotflügel für diese Fahrzeuge nur noch von der Auto-Union AG, Werk Horch in Zwickau/Sa. geliefert.

Die Fordwerke in Köln stellten 1942 versuchsweise fünfzehn dieser Zugmaschinen her.

Im September 1942 wurde Hitler das Programm 2 für die Zugkraftwagenfertigung vorgelegt. Dabei ergab sich eine klare Verschiebung zugunsten der gepanzerten Ausführungen. Der »Raupenschlepper Ost« sollte weitgehend die ungepanzerten Zugkraftwagen 1 t und 3 t ersetzen. Die für diese Fahrzeuge angesetzte Kapazität von rund 500 Einheiten sollte der gepanzerten Ausführung zugute kommen. Die gepanzerten Mannschaftswagen ersparten nach vorliegenden Erfahrungen bis zu 50 % der Mannschaftsverluste. Am 20. September 1942 begrüßte Hitler den Vorschlag, daß zum Zwecke der Gewinnung von Kapazitäten für gepanzerte Mannschaftswagen die ungepanzerten Ein- und Dreitonner Zugkraftwagen durch Opel Dreitonner mit Ansteckraupen ersetzt werden. Die Produktion gepanzerter Zugkraftwagen stieg erstmals im Mai 1943 auf 500 Stück im Monat.

Die letzten Baureihen erhielten normale Lastwagen-Pritschen mit hölzernen Bordwänden. Das hintere Fahrzeug hat die verkleinerten Kriegsscheinwerfer des letzten Kriegsjahres.

Der Nebelkraftwagen (Sd. Kfz. 11/1) diente der Nebeltruppe als Zugmittel für Nebelwerfer verschiedener Kaliber. Die seitlich im Aufbau untergebrachten Munitionsschränke konnten dem jeweiligen Kaliber angepaßt werden.

Der mittlere Entgiftungskraftwagen (Sd. Kfz. 11/2). Bild zeigt ein fabrikneues Fahrzeug mit Aufbau der Fa. Peter Bauer.

Der im Aufbau in Fässern untergebrachte Entgiftungsstoff wurde durch eine hinten am Fahrzeug angebrachte Streuvorrichtung ausgelegt.

Einige der 3-t-Fahrzeuge wurden für die deutsche Seerettungs-Gesellschaft mit Krankenwagen-Aufbauten versehen. Sie dienten zur Rettung von Schiffsbrüchigen im Dünengebiet.

Der mittlere Sprühkraftwagen (Sd. Kfz. 11/3) war ebenfalls der Nebeltruppe zugeteilt. Er diente zum Anlegen von Geländeverstärkungen durch Kampfstoffe.

Der Nebelkraftwagen (Sd. Kfz. 11/4) wurde wie das Sd. Kfz. 11/1 als Zugmittel für Nebelwerfer verschiedener Kaliber eingesetzt.

Die letzten Fahrzeuge der 3t Baureihe erhielten eine Holzpritsche und einen 160 l Kraftstofftank. Sie blieben bis 1945 in Produktion. Am 20. Dezember 1942 waren 4209 dieser Fahrzeuge vorhanden. 1943 wurden 2133 Fahrzeuge gebaut, und 1944 kamen noch 1308 hinzu. Insgesamt wurden ca. 9000 der 3-t-Zugkraftwagen gebaut.

Als Abarten liefen der Nebelkraftwagen (Sd. Kfz. 11/1) und der mittlere Entgiftungskraftwagen (Sd. Kfz. 11/2). Wie schon der leichte Typ diente auch dieser zum Schaffen von Gassen mit Entgiftungsstoff durch Gelände, das mit Geländekampfstoff vergiftet worden war. Ein Zweiwalzenstreuaufbau mit einer Kapazität von 70 kp war aufgebaut. Vier Mann bedienten das Fahrzeug. Vom Sd. Kfz. 11/3, dem mittleren Sprühwagen,

waren 125 Stück 1937 bei Drettmann in Fertigung. Die Fahrzeuge dienten zum Anlegen von Geländeverstärkungen durch die Nebeltruppe. Die Fahrzeuge erhielten Sprühaufbauten mit Kampfstoffbehältern, Preßluftanlage und Sprühdüse zum Verteilen des Kampfstoffes. Eingeschaltet in dieses Bauprogramm waren die Firmen Knorr-Bremse, Berlin, Konrad Möller, Berlin, Rudolf Sack, Leipzig, und Weserhütte, Oeynhausen.

Als Zugmittel für die 15 cm Nebelwerfer 41 und 21 cm Nebelwerfer 42 dienten die Sd. Kfz. 11/4 und 11/5. Die Munitionseinbauten waren austauschbar für 10 cm, 15 cm bzw. 21 cm Wurfgranaten ausgebildet. Neben sechsunddreißig 15 cm Wurfgranaten oder zehn 21 cm Munition war Platz für sechs Mann Bedienung einschl. Fahrer, Beifahrer und Zubehör. Weiter zu erwähnen ist ein mechanisches Erdbohrgerät auf dem 3-t-Zugkraftwagen. Mit Auftrag vom 29. Januar 1936 wurde auf dem gleichen Fahrgestell ein fahrbarer Scheinwerfer mit 50 cm Durchmesser aufgebaut. Angeblich gab es davon nur ein Fahrzeug.

Mit geringfügigen Änderungen bildete das Fahrgestell die Grundlage für den mittleren gepanzerten Kraftwagen (Sd. Kfz. 251), dem mittleren Schützenpanzer der Deutschen Wehrmacht.

1943 forderte Hitler die Entwicklung einer leichten Feldhaubitze 18/40 mit Rundumfeuer auf der 3-t-Zugmaschine, absetzbar auf Kreuzlafette. Eine ähnliche Entwicklung war für die 7,5 cm Pak 44 (L/70) vorgesehen. Dabei ergaben sich Bedenken hinsichtlich der Standfestigkeit der Geräte bei Querabfeuer, da vor allem bei der Pak 44 die langen Rohre schwer zu schwenken waren und die Zurrung Schwierigkeiten machte. Die Absetzbarkeit sollte endgültig erst nach den Ergebnissen eines Truppenversuches entschieden werden, wobei auf eine Kreuzlafette wegen der dadurch bedingten Unbeweglichkeit verzichtet werden sollte. Der Absatzvorgang sollte auf alle Fälle durch einen einfachen, auf dem Gerät mitzuführenden Bockkran zu bewerkstelligen sein. Im Januar 1944 wurde die Einstellung der Entwicklung der 7,5 cm Pak (L/70) auf 3-t-Zgkw. befohlen.

Die Versuche mit der leFH 18/40 auf 3-t-Zgkw. jedoch sollten beschleunigt weitergetrieben werden. Ihre Verwendung war als Heeresartillerie und bei motorisierten Divisionen anstelle der leFH 18 mot. Z vorgesehen.

Im Rahmen des »Schell-Programmes« unternahm 1939 die Firma Hanomag den Versuch, ein sogenanntes Einheits-Halbkettenfahrzeug innerhalb der 3-t-Klasse zu schaffen. Prototypen dafür wurden unter der Bezeichnung »H 7« tatsächlich gebaut. Diese mit einem Maybach-«Variorex«-Getriebe ausgestatteten Fahrzeuge glichen in ihrem Aussehen dem Typ »H.kl.6« und wurden nicht weiterverfolgt. Als Ersatz für die 3-t-Halbketten-Baureihe beschäftigten sich ab 1939 die Firmen Hanomag und Demag mit der Entwicklung der HK. 600-Baureihe. So entstand 1939/40 bei der Firma Hanomag der Typ »HK. 601«, der in seiner Erscheinung der 1t-Zugmaschine glich. Dieses Fahrzeug sollte die Zugkraftwagen 1 t und 3 t ersetzen. 7 + 30 Fahrzeuge waren im Auftrag, an ihrer Produktion beteiligte sich auch die

Innerhalb der 3-t-Halbketten-Baureihe ergab sich 1939 der Vorschlag für ein getyptes Einheitsfahrgestell »H 7« der Firma Hanomag.

Der Typ »HK 601« vereinigte Baumerkmale der 1t und 3t Zugmaschine. Lediglich Prototypen wurden gebaut.

Firma Demag. Die Fahrzeuge besaßen ein Gesamtgewicht von 6,3 t und den Maybach-»HL 45 Z«-Sechszylindermotor. Eine Höchstgeschwindigkeit von 75 km/h und eine Nennzugleistung von 4,5 t wurden erwartet. Ein gepanzertes Gegenstück trug die Bezeichnung »HKp 602«. Der von Hanomag entwickelte Typ »HKp 603« sollte den mittleren Schützenpanzer ersetzen. 1941/42 entstand bei der Demag der Typ »HK. 605«, welcher eine nur teilweise gepanzerte, selbsttragende Rahmenkonstruktion aufwies. Als Motor sollte der Maybach »HL 50« mit 170 PS eingebaut werden. Das mit Argus-Scheibenbremsen ausgerüstete Fahrzeug hatte ein Gesamtgewicht von 6,8 t und eine Höchstgeschwindigkeit von 71 km/h. Ein etwas schwererer Typ »HKp 607« mit 9,5 t entstand 1942 als Projekt bei Hanomag. Abschließend entwickelte die Firma Demag den Schützenpanzer »HKp 606«, der, 1941/42 als Prototyp gebaut, als Ersatz für alle vorhandenen Schützenpanzertypen gedacht war. Das 7 t schwere Fahrzeug wurde mit dem

Außerhalb des Zugmaschinen-Bauprogrammes der deutschen Wehrmacht stellte die Daimler-Benz AG 1937/38 ein ähnlich ausgelegtes Fahrzeug für den Zivilgebrauch vor. Bild oben zeigt das Fahrgestell des Typs »LR 75«.

Die Seiten- und Rückansicht des Fahrzeuges» LR 75« in der Ausführung als Lastfahrzeug.

Die Deutsche Reichspost versah einige dieser Fahrgestelle mit Omnibusaufbauten und setzte sie auf Hochgebirgsstrecken ein.

Auch die schwedische Armee übernahm das deutsche Kettenlaufwerk. Bild zeigt den Artillerieschlepper »HBT m/43« der Firma AB Volvo.

41

Maybach-»HL 50«-Motor ausgerüstet, hatte ein OL-VAR-Getriebe und Argus-Scheibenbremsen. Seine Außenmaße betrugen 4850 x 1980 x 1850 mm.

Vollständigkeitshalber sei noch ein Halbkettenfahrzeug erwähnt, das nicht von der Wehrmacht entwickelt wurde, jedoch der üblichen Konstruktionstendenz folgte. In den Jahren 1937/38 schuf die Daimler-Benz AG den Typ »LR 75«, von dem fünfundzwanzig Fahrgestelle hergestellt wurden. Sie besaßen größtenteils Omnibusaufbauten und liefen im Dienst der Reichspost in Hochgebirgsgegenden.

Einige 3-t-Zugkraftwagen wurden während des Krieges auch ins Ausland geliefert. Auf Grund der damit gemachten Erfahrungen wurde versucht, die Fahrzeuge dort nachzubauen. So entstand z. B. in Schweden der Volvo-Typ »HBT (m/43)«, dessen Laufwerk direkt von der 3-t-Zugmaschine übernommen worden war.

Der mittlere Zugkraftwagen 5t (Sd. Kfz. 6) wurde von Büssing-NAG als Typ »BN l 5« in den Jahren 1934 bis 1935 gebaut. Ein Maybach »NL 35« Motor war eingebaut.

5-t-Halbketten-Baureihe und schwerer Wehrmachtsschlepper

Die Anfänge dieser Entwicklung, welche durch Büssing-NAG in Berlin-Oberschöneweide betrieben wurde, resultierten 1934 in der Einführung des Fahrzeuges »L 4«. Ausgerüstet mit dem Maybach-»NL 35 TU«-85 PS-Motor, fand diese Zugmaschine als »leichter geländegängiger Zugkraftwagen (Sd. Kfz. 6) Typ 1934« Eingang bei Artillerieverbänden. Nur acht Fahrzeuge (Fgst. Nr. 21501–21508) wurden bei Büssing-NAG gebaut. Ein Nachbau der Fahrzeuge erfolgte durch die Krauss-Maffei AG unter der Bezeichnung »KM l 4«. 1935 erschien der Typ »BN l 5« von Büssing-NAG, der auch von Daim-

Leichter Zugkraftwagen 3t (Sd. Kfz. 11) – Abschlußausführung

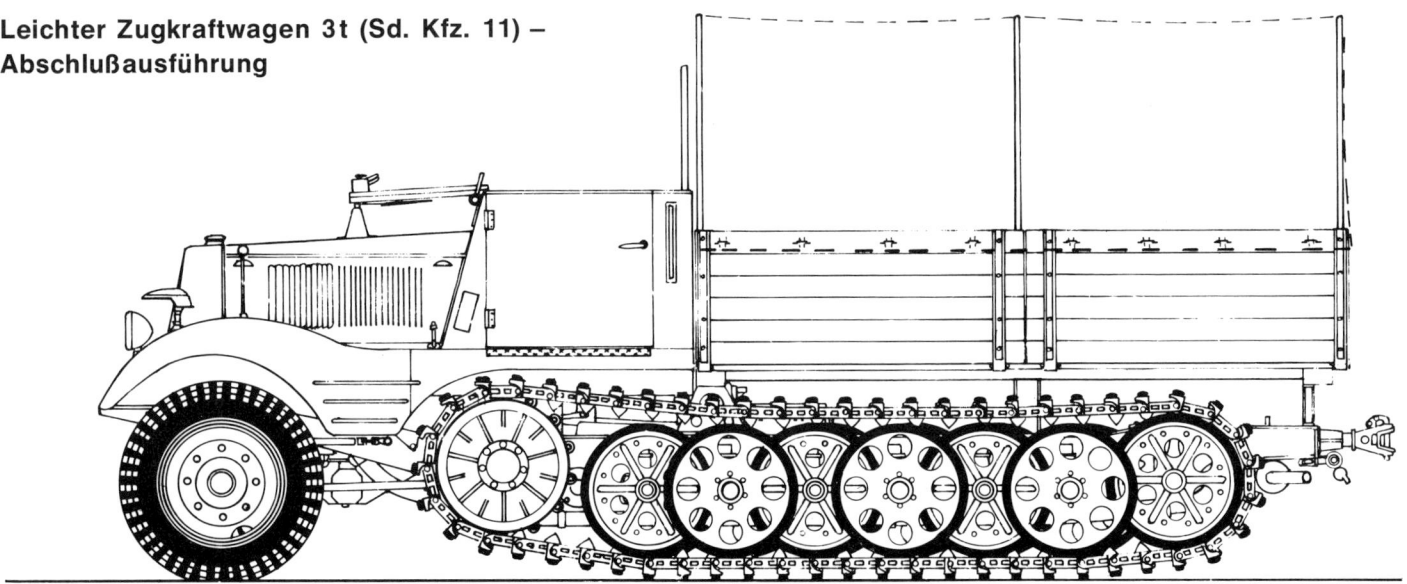

Zum Freihalten von Hochgebirgsstraßen wurden vereinzelt Fahrzeuge der 5t Halbkettenklasse auch mit Schneeschleudern versehen. Der übrige Aufbau wurde der neuen Verwendung angepaßt. (Oben)

Äußerlich unverändert erschien 1936 der Typ »BN I 7«, bei dem nunmehr der Maybach »NL 38« Motor verwendet wurde. Die Aufbauten wurden grundsätzlich in zwei Ausführungen geliefert. Bilder links zeigen oben das Fahrzeug mit Pionieraufbau und unten das gleiche Fahrzeug mit Artillerieaufbau.

Von 1938 bis 1939 wurde der Typ »BN I 8« der 5-t-Zugmaschine gebaut, der nunmehr ein verlängertes Kettenlaufwerk hatte. Bild zeigt ein solches Fahrzeug als Zugmittel für die 10,5 cm leFH.

ler-Benz unter der Typenbezeichnung »DB I 5« gebaut wurde. Noch immer mit dem »NL 35«-Motor ausgerüstet, hatte das Fahrzeug ein Gesamtgewicht von 8,8 t. Das Jahr 1936 sah den Typ »BN I 7«, der nunmehr mit dem verstärkten Maybach Sechszylinder-Motor Typ »NL 38« mit 100 PS ausgerüstet war. Büssing baute davon 280 Stück (Fgst. Nr. 22201–22481). Der Fahrzeugpreis betrug RM 32 000,–. Hauptsächlich für Pioniereinheiten zum Ziehen der Pioniergerätewagen bestimmt, verwendeten Artillerieverbände das Fahrzeug auch für die 10,5 cm le.FH. 18 (leichte Feldhaubitze). Die Aufbau-

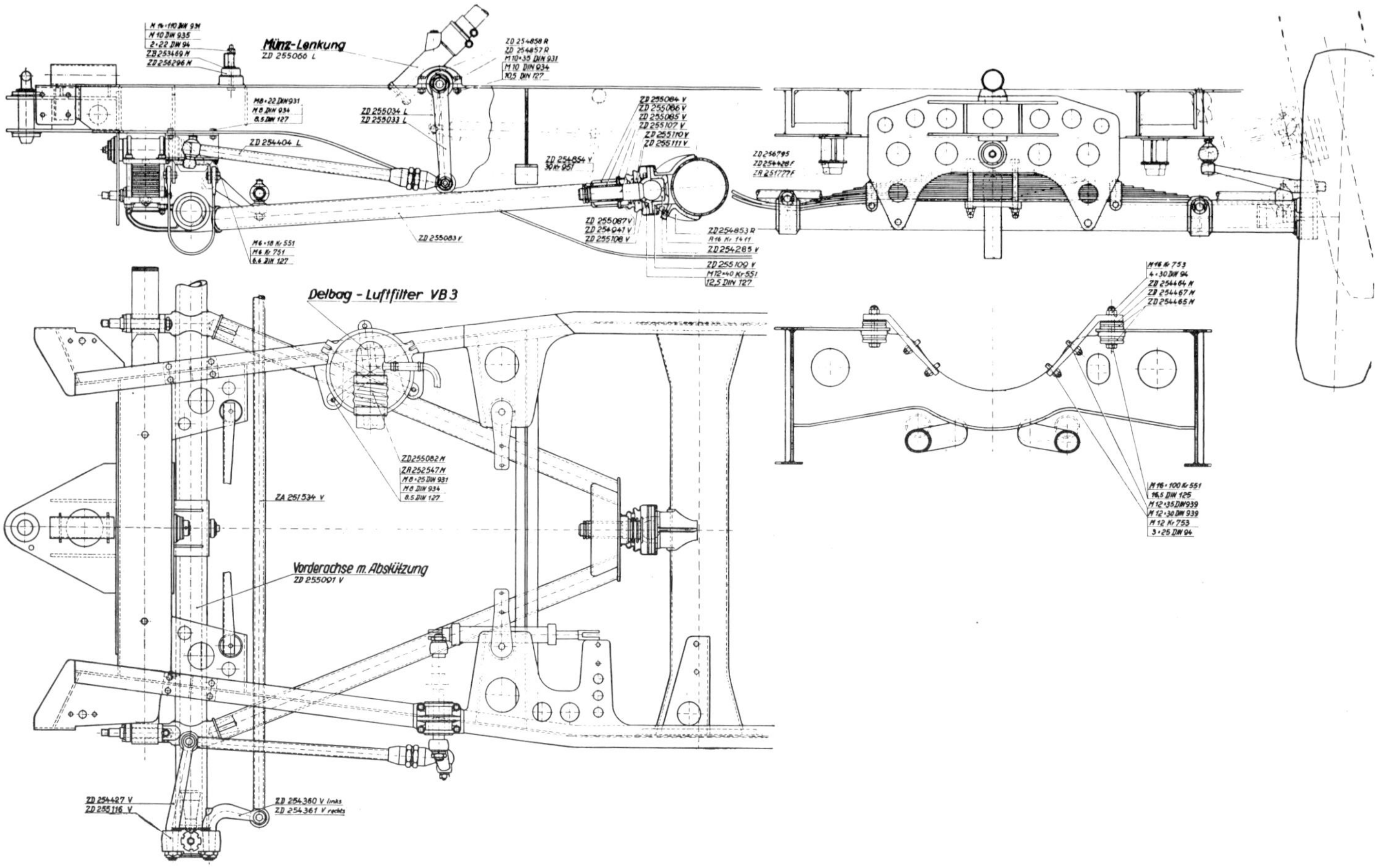

Die Zeichnung zeigt die Anbringung und Aufhängung der Vorderachse am Typ »BN I 8«.

Die Laufrollen des Typ »BN I 8« wurden über Kurbelarme durch Drehstäbe abgefedert. Die Zeichnung zeigt ebenfalls die Schachtelanordnung des Laufwerkes.

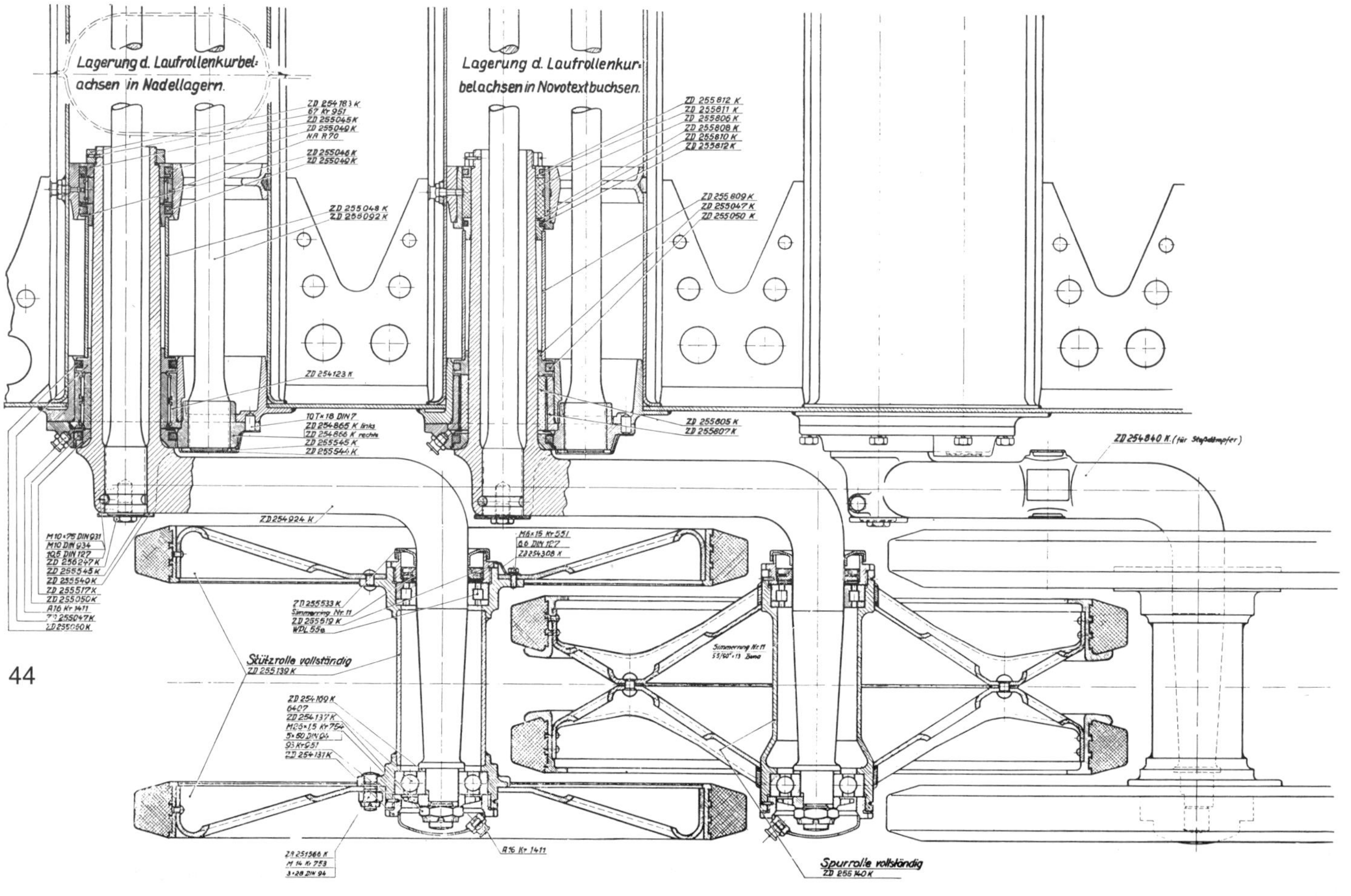

44

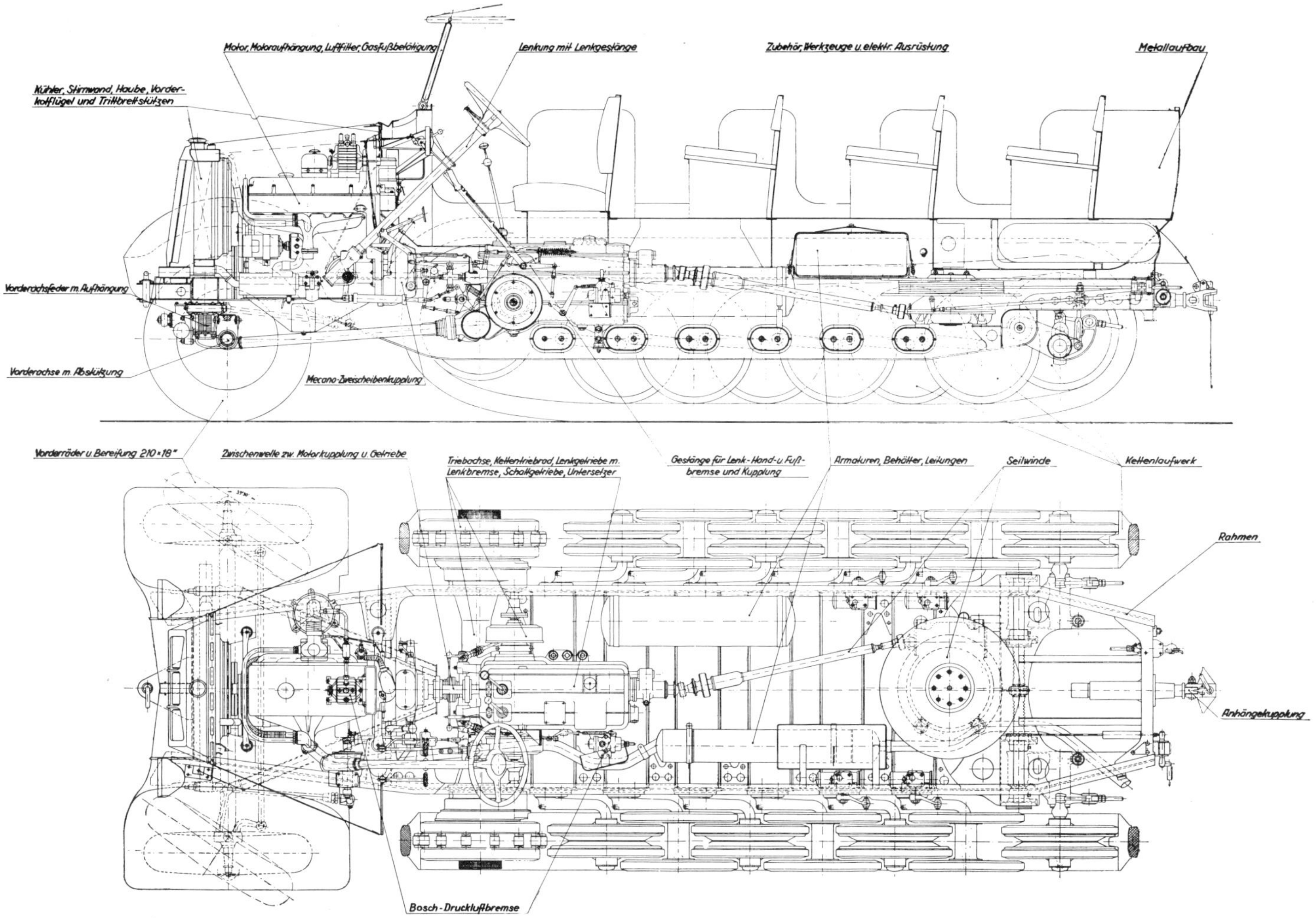

Technische Zeichnung des Fahrgestells mit folgenden Bezeichnungen:

Obere Zeichnung (Seitenansicht):
- Kühler, Stirnwand, Haube, Vorderkotflügel und Trittbrettstützen
- Motor, Motoraufhängung, Luftfilter, Gasfußbetätigung
- Lenkung mit Lenkgestänge
- Zubehör, Werkzeuge u. elektr. Ausrüstung
- Metallaufbau
- Vorderachsfeder m. Aufhängung
- Vorderachse m. Abstützung
- Mecano-Zweischeibenkupplung

Untere Zeichnung (Draufsicht):
- Vorderräder u. Bereifung 210×18"
- Zwischenwelle zw. Motorkupplung u. Getriebe
- Triebachse, Kettentriebrad, Lenkgetriebe m. Lenkbremse, Schaltgetriebe, Untersetzer
- Gestänge für Lenk- Hand-u. Fußbremse und Kupplung
- Armaturen, Behälter, Leitungen
- Seilwinde
- Kettenlaufwerk
- Rahmen
- Anhängekupplung
- Bosch-Druckluftbremse

Als Abschlußausführung dieser Baureihe erschien 1939 der Typ »BN 9«. Bild zeigt das auf der Internationalen Automobilausstellung in Berlin gezeigte Fahrgestell des Fahrzeuges.

Die Seitenansicht des Fahrgestelles und des kompletten Fahrzeuges. Pionierausführung des Aufbaus. ▶

Die Rückansicht des Fahrzeuges »BN 9« mit geschlossenem Verdeck.

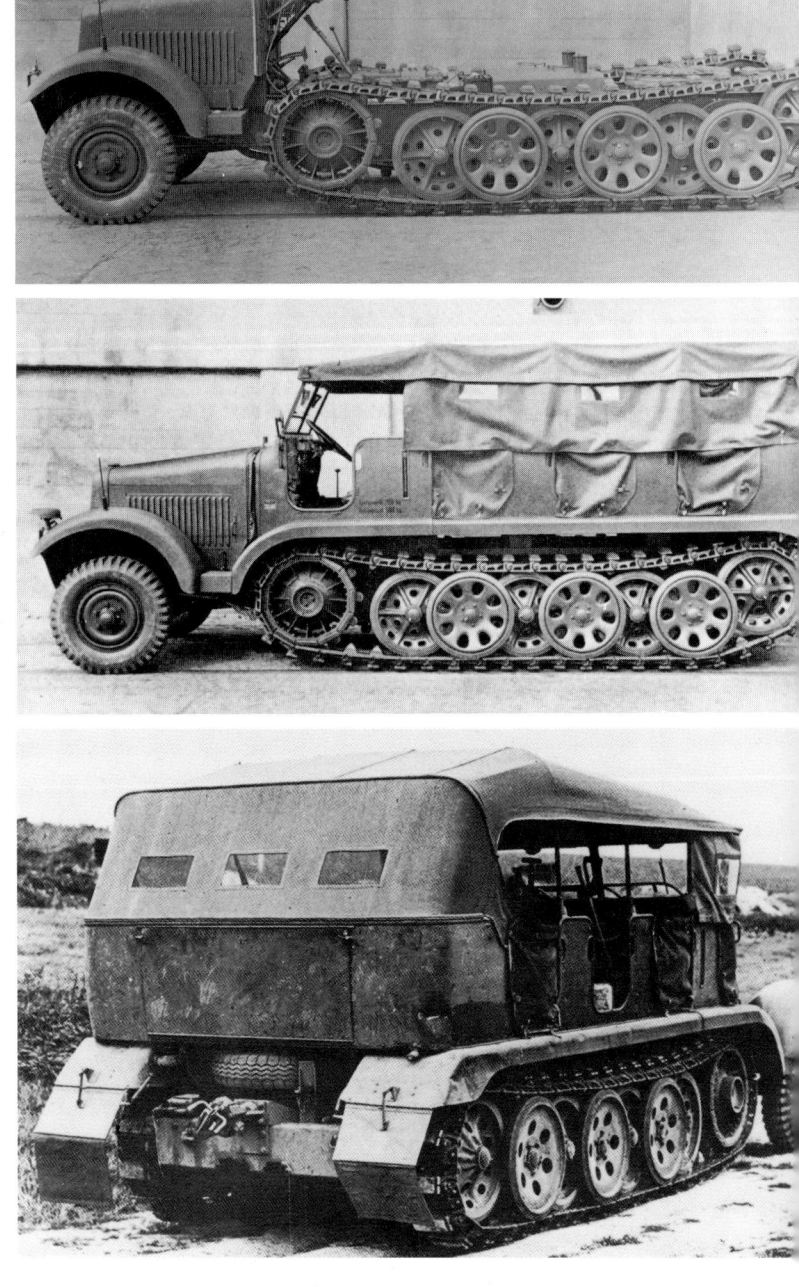

ten waren dabei verschieden, und zwar beförderte das Pionierfahrzeug mehr Besatzung. Der Daimler-Benz-Nachbautyp führte die Bezeichnung »DB l 7«. 1938 folgte der in seinem Aussehen der Abschlußausführung gleichende Typ »BN l 8« (DB Nachbau Bezeichnung »DB l 8«). Grundsätzlich war die Kettenauflagelänge von 1270 auf 2025 mm vergrößert worden; nach wie vor gelangte der Maybach »NL 38« zum Einbau. Die Gesamtproduktion dieses Typs belief sich bei Büssing auf 465 Einheiten, während bei Daimler-Benz 272 Fahrzeuge gebaut wurden. Ab 1939 kam der verbesserte Typ »BN 9« zur Auslieferung, der nunmehr den Maybach-»HL 54 TUKRM«-Motor mit 115 PS verwendete. Büssing-NAG lieferte davon 617 Fahrzeuge (Fgst. Nr. 3001–3617). Eine zusätzliche Änderung im Bremssystem schuf den Typ »BN 9 b«, dessen Fertigung im November 1943 auslief. Nach vorhandenen Unterlagen wurden 687 dieser Fahrzeuge bei Büssing gebaut. Der Nachbau erfolgte bei der Böhmisch-Mährischen Maschinenfabrik in Prag. Am 20. Dezember 1942 waren 2061 dieser Fahrzeuge vorhanden; 1943 wurden 563 Fahrzeuge hergestellt, während die Produktion für 1944 sich auf 729 Einheiten belief. Insgesamt wurden ca. 3500 der 5-t-Zugkraftwagen gebaut.

Heckmotorausführungen dieser Fahrzeuge für gepanzerte Aufbauten wurden ab 1934 in Verbindung mit Rheinmetall-Borsig entwickelt.

Leichter Zugkraftwagen 5t (Sd. Kfz. 6) – Pionieraufbau

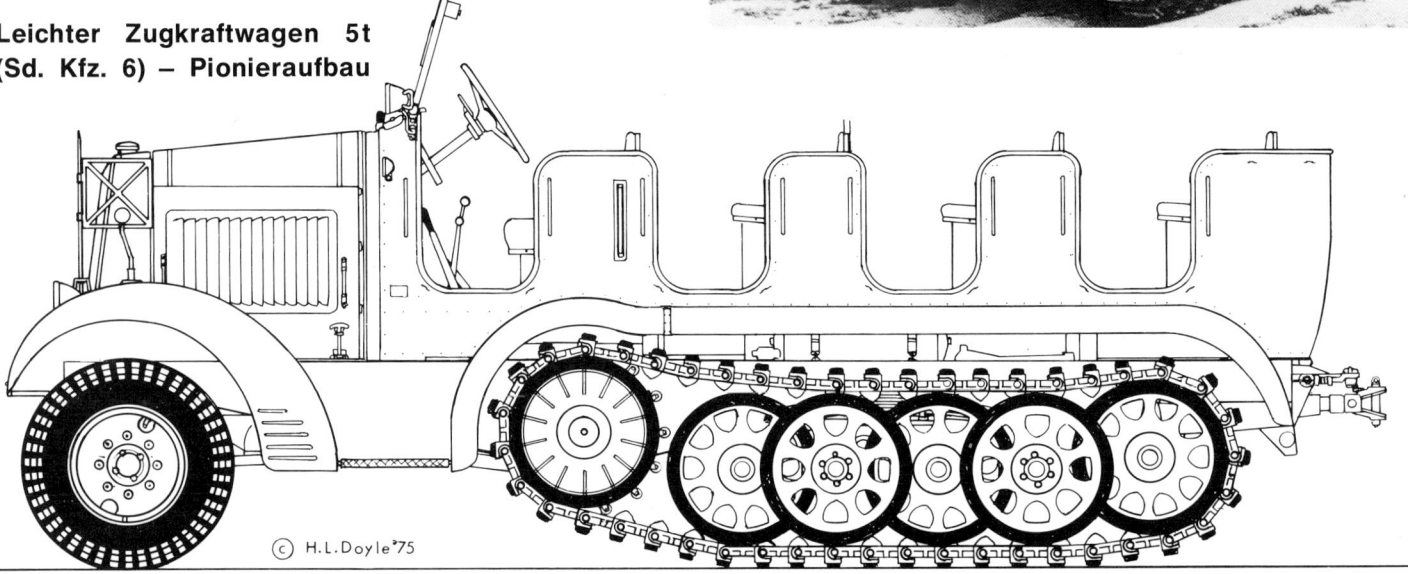

© H.L.Doyle '75

Ein Einzelexemplar des Fahrzeuges »BN 11 V« (Fgst. Nr. 2005) erschien auf der Büssing-Typenliste. Alle weiteren Unterlagen fehlen. Als nächstes entstand ein Fahrzeug »BN 10 H«, von dem drei Stück gebaut wurden (Fgst. Nr. 2006–2008). Hierbei handelt es sich offensichtlich um Heckmotorfahrzeuge. Später wurden noch zwei Prototypen des Fahrzeuges »HKp 901« gebaut (Fgst. Nr. 2011 und 2015), die dann zum »HKp 902« überleiteten. Eine Abart dieses Fahrzeuges hatte die Bezeichnung »HKp 903«.

Die Abschlußausführung der 5-t Zugmaschine erschien wiederum in zwei Grundausführungen. Das Sd. Kfz. 6/1 mit Artillerieaufbau wurde zum Ziehen der le.FH 18 benutzt, während das Fahrzeug Sd. Kfz. 6 für die Pionierfahrzeuge PF 10, 11 und 12 verwendet wurde. Das Sd.

Im Einsatz wurden die Seitenwände waagerecht abgeklappt. Die Besatzung blieb größtenteils ungeschützt.

Als Selbstfahrlafette (Sd. Kfz. 6/2) führte die 5-t-Zugmaschine eine 3,7 cm Flak 36.

In Einzelexemplaren kamen in Nordafrika teilweise gepanzerte Selbstfahrlafetten mit dem Fahrgestell des 5-t-Zgkw zum Einsatz. Unter der Bezeichnung »Diana« führte das Fahrzeug eine russische 7,62 cm Pak 36 zur Panzerbekämpfung.

Kfz. 6/2 war eine Selbstfahrlafette für die 3,7 cm Flak 36. Munition für das Geschütz wurde in einem Einachsanhänger mitgeführt. Mit sieben Mann Besatzung hatte das Fahrzeug ein Gesamtgewicht von 10,4 t. Es befand sich hauptsächlich bei Heeresflugabwehrverbänden.

Die Vereinfachungsbestrebungen des Heereswaffenamtes sahen ab 1943 eine Ablösung der 5-t-Zugkraft-wagen durch eine Neukonstruktion vor. Der diesbezügliche Auftrag des Heereswaffenamtes erging am 7. Mai 1942 an Büssing-NAG, welche das erste Fahrzeug neuer Art im Frühjahr 1943 einführungsreif haben sollte. Ein Zugmittel für 6 t Anhänge- und 3 t Nutzlast wurde gefordert. Das stark vereinfachte Fahrzeug besaß ungeschmierte Ketten und den Maybach-Motor »HL 42«

Mittlerer Zugkraftwagen 5 t (Sd. Kfz. 6) – Pionieraufbau (Abschlußausführung)

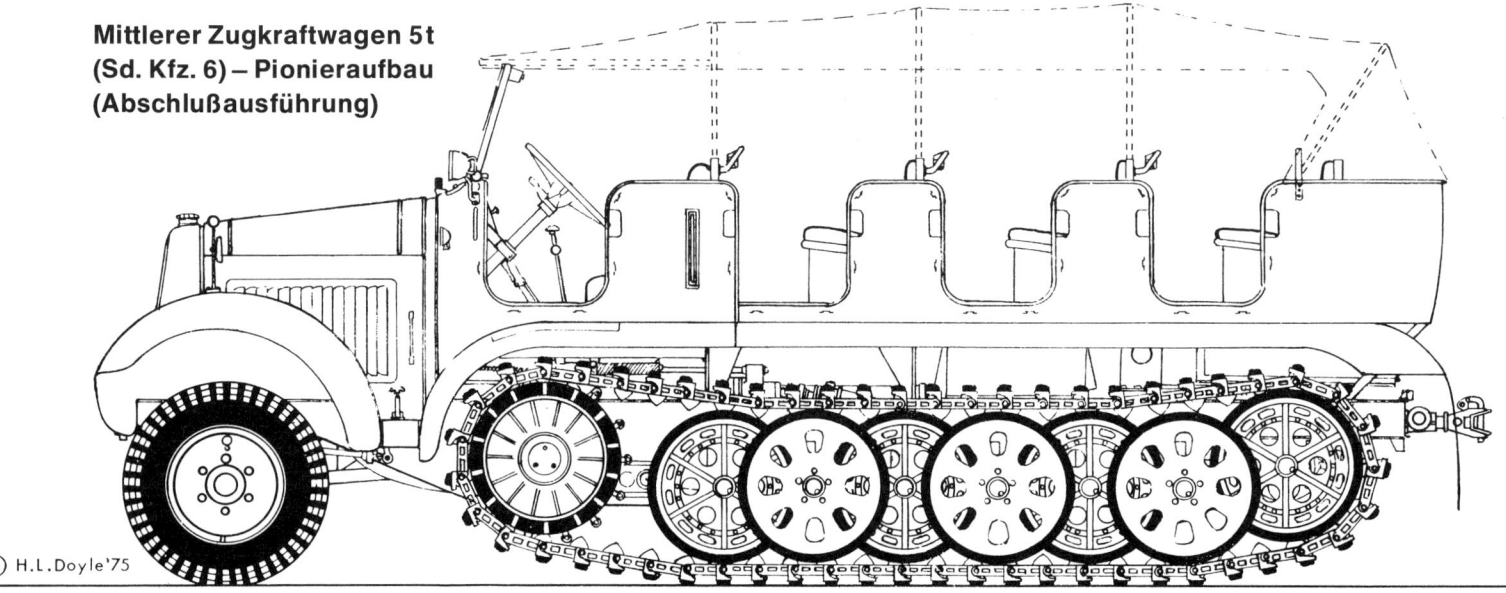

© H.L.Doyle'75

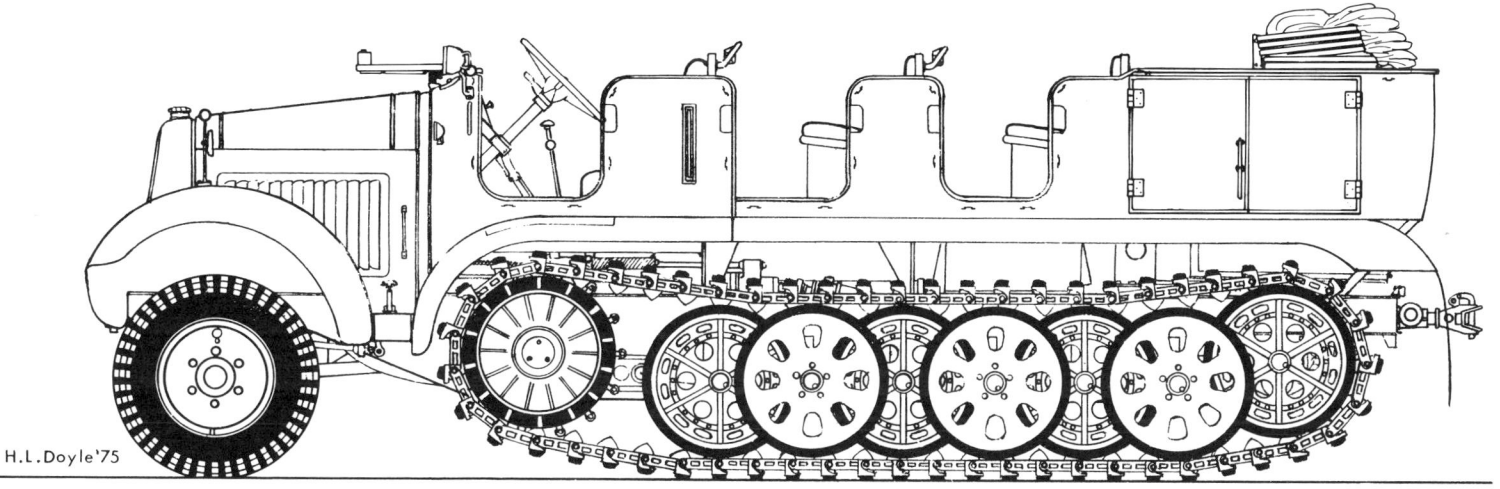

© H.L.Doyle '75

Mittlerer Zugkraftwagen 5t (Sd. Kfz. 6/1) – Artillerieaufbau (Abschlußausführung)

Der schwere Wehrmachtsschlepper« (sWS) ging tatsächlich in Produktion und war als Ersatz für den 5-t-Zugkraftwagen gedacht. Beide Bilder zeigen die Vorder- und Rückansicht des Fahrgestells, bei dem vor allem die ungeschmierten Ketten auffallen.

Der »schwere Wehrmachtsschlepper« mit Pritschenaufbau als Versorgungsfahrzeug der Truppe.

In teilweise gepanzerter Ausführung als Versorgungsfahrzeug der vorderen Truppenteile.

Das gleiche Fahrzeug als Selbstfahrlafette für die 3,7 cm Flak 43. Bilder zeigen das Fahrzeug in Marsch- und Feuerstellung.

Als Ersatz für den »Panzerwerfer« auf Opel »Maultier« Fahrgestell diente diese gepanzerte Ausführung des »schweren Wehrmachtsschleppers«, der nunmehr den 15 cm Nebelwerfer-Zehnling trug. ▶

Der nach dem Krieg in der Tschechoslowakei weiter entwickelte Tatra Typ »T 809«, ein Nachfolger des »schweren Wehrmachtsschleppers«.

als Antriebsquelle. Dieser sogenannte »schwere Wehrmachtsschlepper« wog 13,5 t und erreichte eine Höchstgeschwindigkeit von 29 km/h. Für den Bereich der Wehrmacht wurden vorerst 7484 dieser Fahrzeuge in Auftrag gegeben, wobei das Heereswaffenamt versuchte, die Neufertigung bis Frühjahr 1943 auf etwa 150 Stück pro Monat zu steigern. Als Hersteller traten Büssing-NAG und Ringhoffer-Tatra in Kolin auf. Tatsächlich begann die Fertigung erst im Dezember 1943 mit 5 Stück und erreichte eine Gesamtproduktion von ca. 1000 Fahrzeugen. Eine teilweise gepanzerte Ausführung des Fahrzeuges lief als Versorgungsfahrzeug oder auch als Selbstfahrlafette für die 3,7 cm Flak 43. Als Ersatz für den 15 cm Panzerwerfer 42 auf dem »Maultier«-Fahrgestell diente ein vollständig gepanzerter

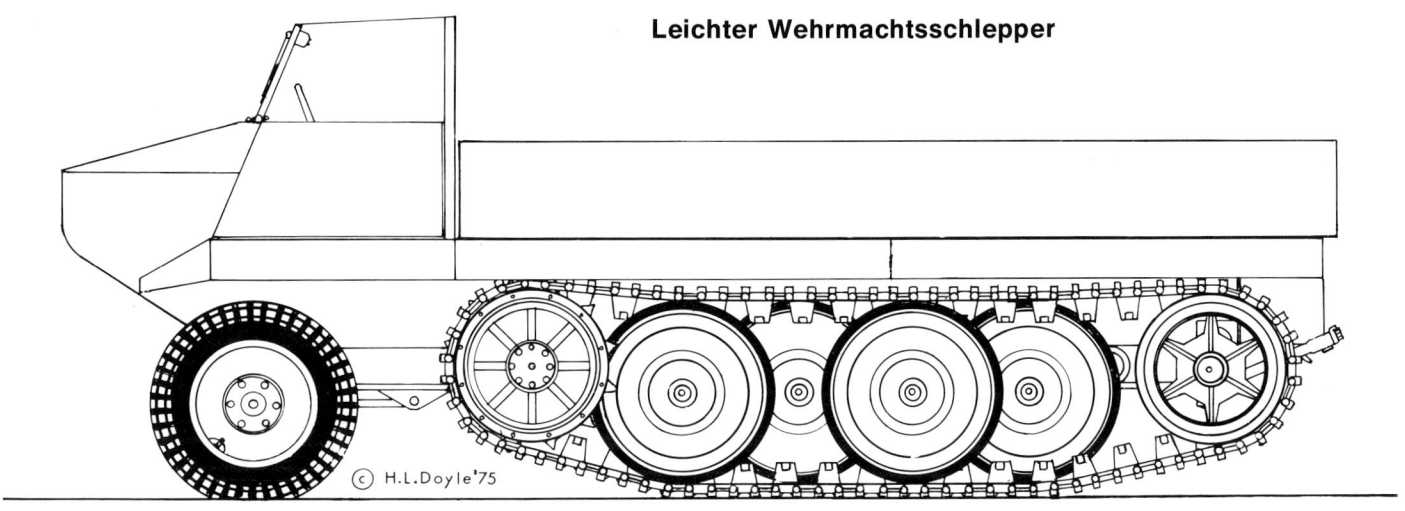

Leichter Wehrmachtsschlepper

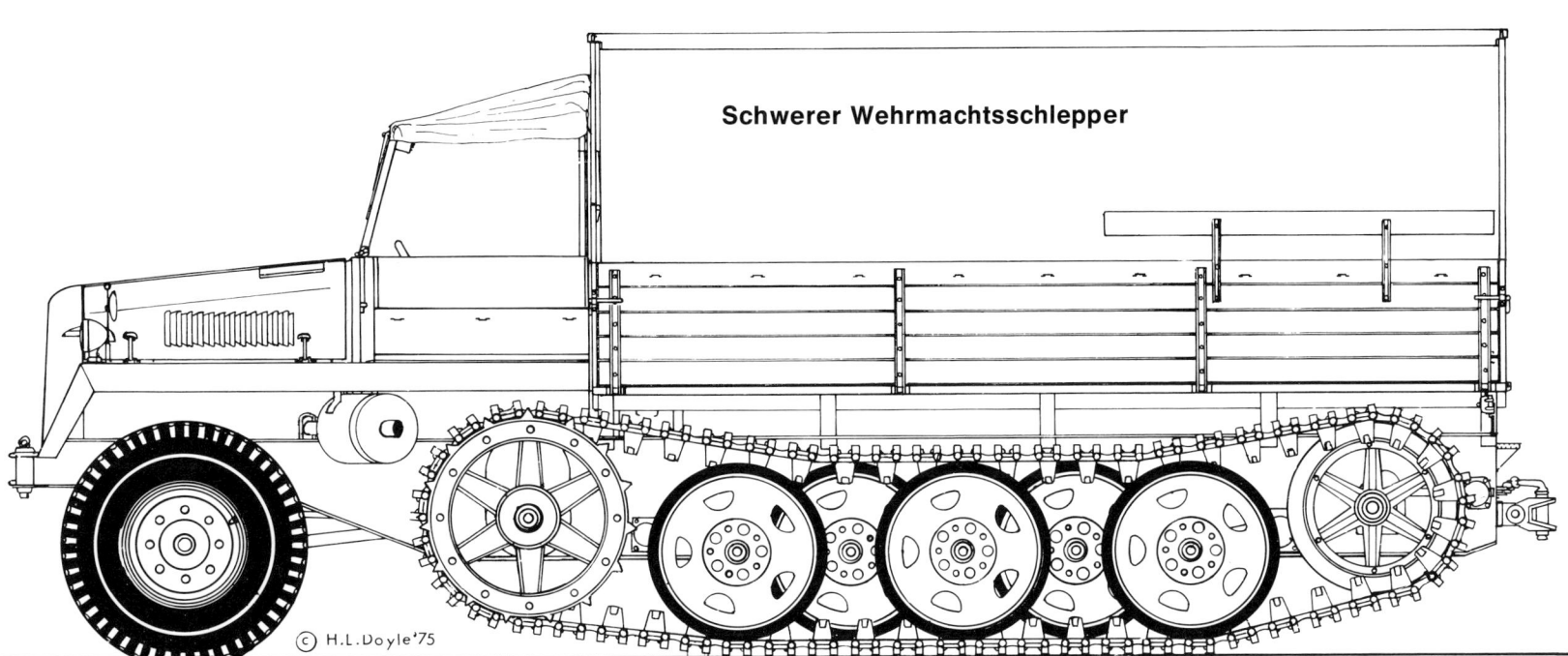

Schwerer Wehrmachtsschlepper

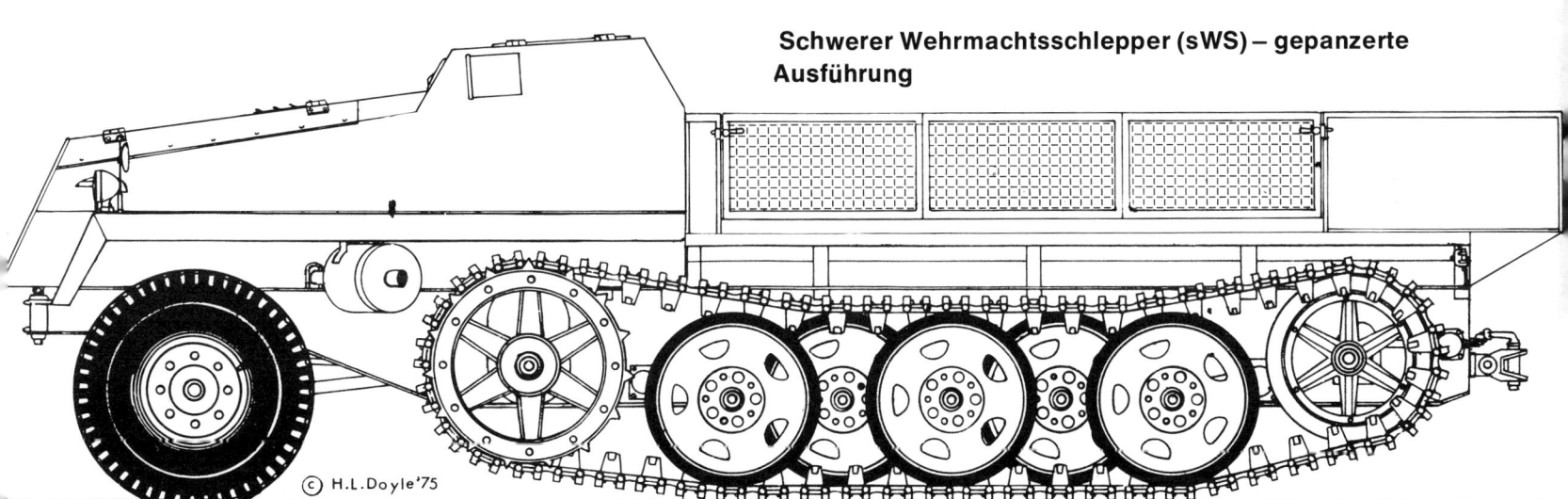

Schwerer Wehrmachtsschlepper (sWS) – gepanzerte Ausführung

schwerer Wehrmachtsschlepper, welcher den 15 cm Nebelwerfer-Zehnling trug.

Die Weiterentwicklung des »schweren Wehrmachtsschleppers« erfolgte nach Kriegsende in der Tschechoslowakei, wo übriggebliebene Restbestände aufgebraucht wurden. 1953 versah Tatra eines dieser Fahrzeuge mit einem luftgekühlten 12-Zylinder-Dieselmotor, welches als Prototyp für den 1955 erscheinenden Typ »T 809« diente. Dieses Fahrzeug war mit einem 140 PS luftgekühlten V 8 Dieselmotor mit ca. 10 Liter Hubraum ausgerüstet. Seine Nutzlast betrug 8 t, der Bodendruck ca. 0,6 kp/cm². Eine Serienproduktion fand nicht statt.

»Maultier«-Baureihe

Die harten Anforderungen des russischen Kriegsschauplatzes schufen für die Nachschubtruppe fast unüberwindliche Schwierigkeiten. Die Räderfahrzeuge des deutschen Heeres waren diesen Anforderungen einfach nicht gewachsen. Da die Masse der Versorgungsfahrzeuge der Truppe aus den Standard 3-t-Lastkraftwagen des »Schell-Programms« bestand, lag es nahe, diese Fahrzeuge den Bedürfnissen besser anzupassen. Eine Entwicklung der Waffen-SS hatte sich mit einem Carden-Loyd-Fahrgestell befaßt, welches nunmehr als Antrieb für den 3-t-Lastkraftwagen in Erwägung gezogen wurden. Diese Entwicklung lief unter der Bezeichnung »Maultier«. Dabei versah man normale, hinterrad-getriebene Lastkraftwagen nach Ausbau der Hinterachse mit einem einfachen Kettenlaufwerk. Die Vorderachse wurde beibehalten. Die Nutzlast sank auf 2 t, und die Fahrzeuge erhielten die Bezeichnung »Gleisketten-Lastkraftwagen 2 t, offen (Maultier) (Sd. Kfz. 3)«. Die Firma Opel verwendete dazu den Typ 3,6-36 S mit Vergasermotor, die Klöckner-Humboldt-Deutz AG den Typ »S 3000« mit Dieselmotor, während die Fordwerke ihren Typ »G 398 TS/V 3000 S« umbauten.

Hitler war mit der Lieferung von insgesamt 1870 Stück kompletter »Maultier« Fahrzeuge bis zum 31. 12. 1942 einverstanden. Der Umbau der restlichen 2130 Stück an der Front war vom Generalquartiermeister zu überprüfen. Dabei war festzustellen, ob die Montage nicht

Zu Beginn der »Maultier« Entwicklung verblieb die Antriebsachse in ihrer ursprünglichen Lage. Das Kettenlaufwerk war schwenkbar gelagert. Bild zeigt ein Ford Fahrzeug mit angehängter leichter 10,5 cm Feldhaubitze.

Ein ähnliches Fahrzeug bei einer Vorführung in schwierigem Gelände.

durch fliegende Kolonnen in den vorderen Heeresgebieten durchzuführen war.

Die Wehrmacht forderte 8500 Stück bis zum 1. Mai 1943. Die Fahrzeuge sollten ab 1. Juni 1943 durch eine neuere Konstruktion abgelöst werden. 1942 wurden tatsächlich 635 Fahrzeuge gebaut; 1943 waren es 13000, während die Produktion 1944 auf 7310 absank. Opel produ-

Die Produktionsausführung des am meisten gebauten »Gleisketten-Lastkraftwagens 2t« (Sd. Kfz. 3). Ford stellte ca. 14 000 dieser Fahrzeuge her.

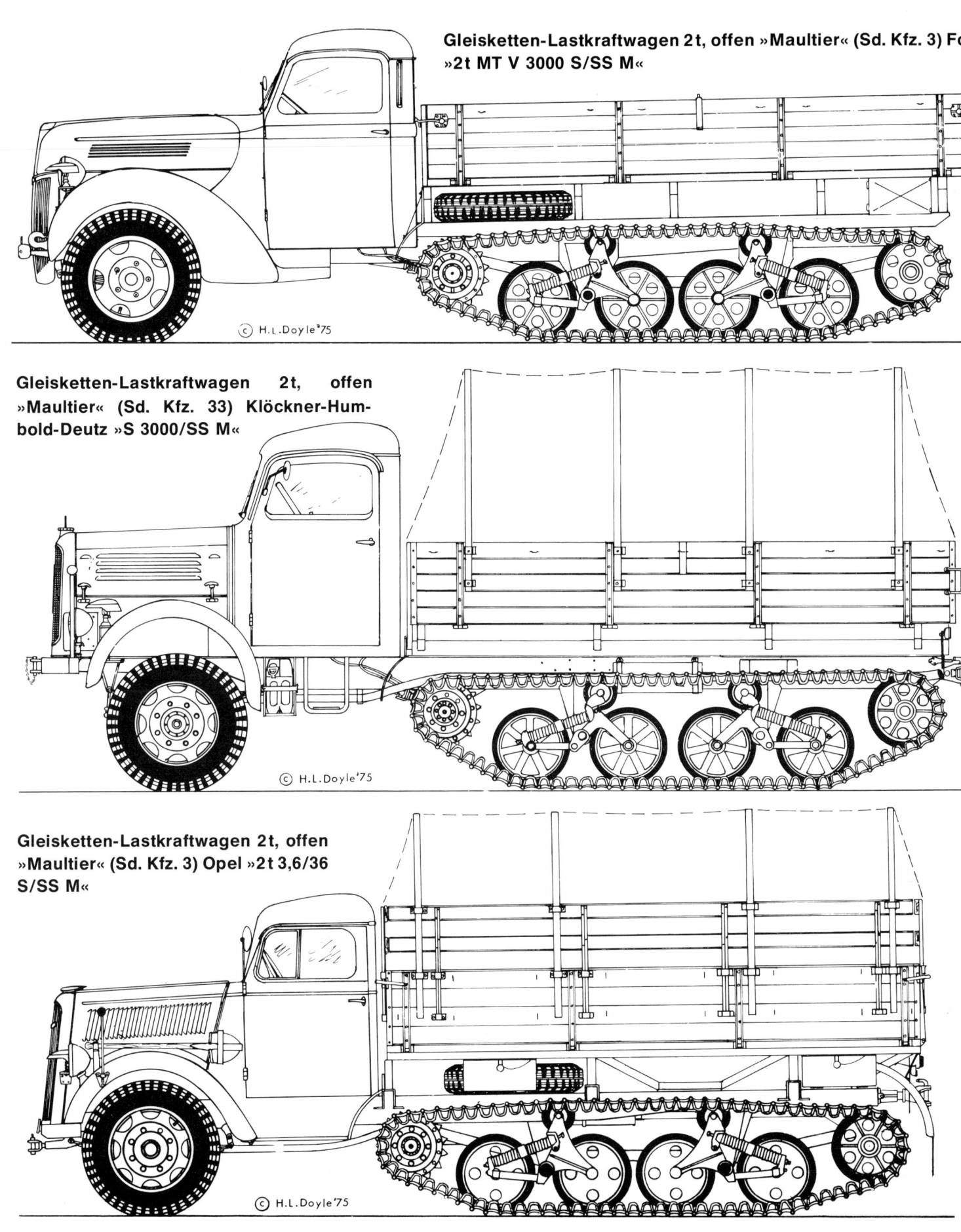

Gleisketten-Lastkraftwagen 2t, offen »Maultier« (Sd. Kfz. 3) Ford »2t MT V 3000 S/SS M«

© H.L.Doyle'75

Gleisketten-Lastkraftwagen 2t, offen »Maultier« (Sd. Kfz. 33) Klöckner-Humbold-Deutz »S 3000/SS M«

© H.L.Doyle'75

Gleisketten-Lastkraftwagen 2t, offen »Maultier« (Sd. Kfz. 3) Opel »2t 3,6/36 S/SS M«

© H.L.Doyle'75

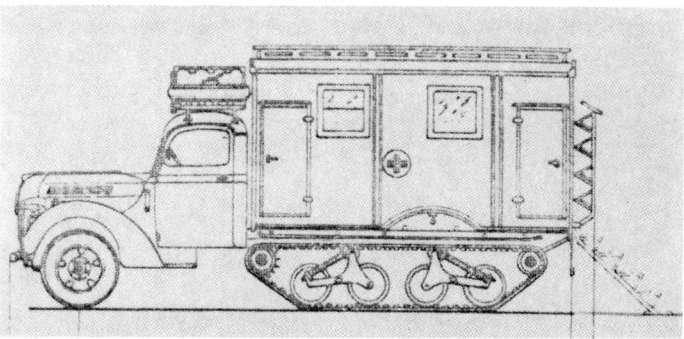

Opel stellte rund 4000 »Maultier« Fahrzeuge der Truppe zur Verfügung. Grundsätzlich kamen nur hinterradgetriebene »S«-Typen für diesen Umbau in Frage.

Manchmal waren die Laufräder auch als Vollscheibenräder ausgebildet. Das Laufwerk war eine Entwicklung der Waffen-SS.

Bilder rechte Spalte, von oben nach unten: Behelfsmäßig wurden diese Fahrzeuge auch als Selbstfahrlafette eingesetzt. Bild zeigt ein Ford Fahrzeug mit aufgelasteter 2 cm Flak 38.

Auch wurden in Ausnahmefällen die geschlossenen Einheits-Aufbauten der Wehrmacht aufgesetzt, davon in der Hauptsache Krankenwagen-Ausführungen.

Die Klöckner-Humboldt-Deutz Ausführung war als einzige der »Maultier«-Baureihe mit einem Dieselmotor ausgerüstet. Die Bezeichnung »Maultier« entfiel lt. Führerbefehl vom 27. März 1944.

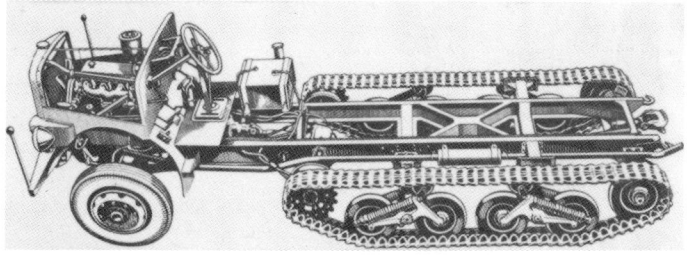

Klöckner-Humboldt-Deutz stellte rund 2500 dieser Einheiten her. (Bild oben und unten)

Wie verwirrend Jubiläumszahlen sein können, beweisen diese Aufnahmen

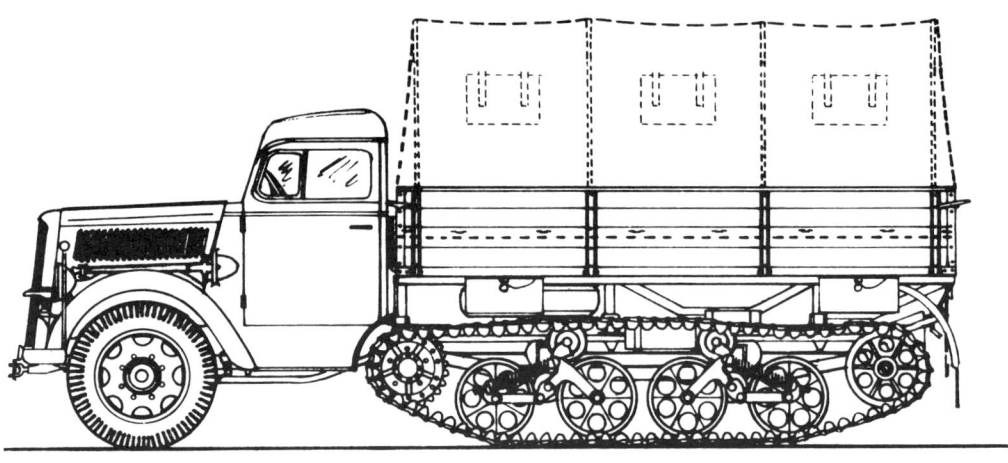

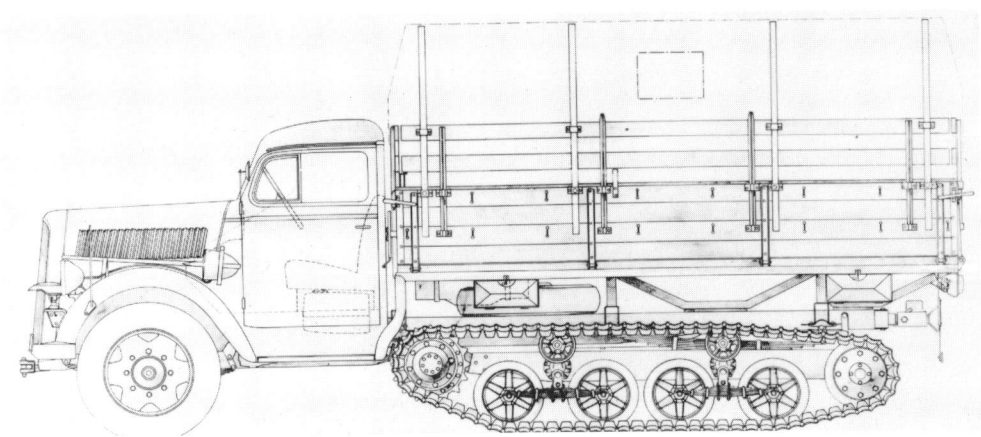

Die beiden Skizzen vergleichen das Original Laufwerk mit dem von der Firma Opel vorgeschlagenem Entwurf.

Ein Fahrzeug mit Opellaufwerk bei einer Vorführungsfahrt mit Anhängelast.

zierte ca. 4000 dieser Fahrzeuge, Ford ungefähr 14 000 Stück, der Beitrag der Klöckner-Humboldt-Deutz AG belief sich auf rund 2500 dieser Einheiten.

Die französische Automobilindustrie beteiligte sich an diesem Bauprogramm. Unter anderem stellte das französische Fordwerk in Asnieres 1000 Stück dieser Fahrzeuge her. Die Mehrzahl der »Maultiere« wurde mit offenen Aufbauten geliefert, vereinzelt verwendete man jedoch auch den Einheitskofferaufbau der Deutschen Wehrmacht.

Teilweise wurden »Maultier«-Fahrzeuge mit aufgebauter 2 cm Flak 38 zum Truppenluftschutz eingesetzt.

1942 befaßte sich die Firma Opel mit dem Entwurf eines vereinfachten Kettenlaufwerkes, welches als in sich ge-

Bild zeigt das Opel-Laufwerk fertig zum Unterbau an einem Opel-Blitz Lastkraftwagen.

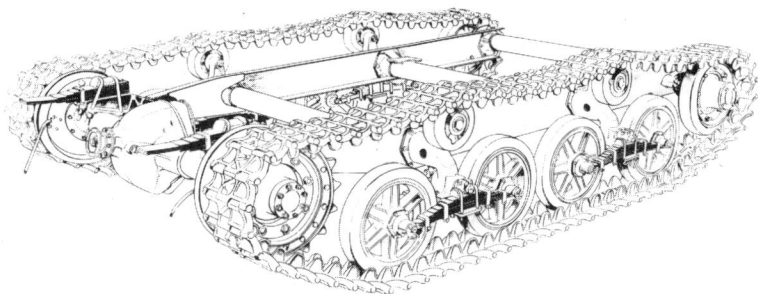

Die Skizze zeigt den einfachen Aufbau des Opel-Laufwerkes, welches ohne großen Zeitaufwand an jedem 3-t-Fahrgestell angebracht werden konnte.

Das fertige Fahrzeug mit hinterem Kettenlaufwerk.

schlossener kompletter Zusammenbau in kürzester Zeit an jedem 3-t-Typ »S« Lastkraftwagen angebaut und wieder abgebaut werden konnte.

Das Laufwerk war nicht mit dem Lastwagenrahmen fest verschraubt, sondern an die normalen Hinterfedern befestigt. Das Vorderteil wurde durch Viertelfedern an der vorhandenen Quertraverse des Rahmens abgestützt.

Während bei ersten Versuchen die vorhandene Hinterachse in ihrer ursprünglichen Lage unverändert zum Antrieb diente und das gesamte Laufwerk schwenkbar um die Achse angeordnet war, wurde nunmehr die Antriebswelle verkürzt. Die vorhandene Hinterachse des Opel 3t »S« Typs mit der Untersetzung 6:41, aber ohne gummibereifte Räder, wurde verwendet. An deren

Der »15 cm Panzerwerfer 43« (Sd. Kfz. 4/1) verwendete das Opel »Maultier« Fahrgestell der ursprünglichen Ausführung. Die Panzerblechstärke betrug 8 mm. 300 dieser Fahrzeuge wurden gebaut.

Stelle traten gesenkgeschmiedete Kettenantriebsräder mit einem Durchmesser von 460 mm und sechszehn Zähnen. Die Gleisketten waren die gleichen wie beim Panzer I. Zur Abfederung des Laufwerkes wurden ausschließlich Blattfedern verwendet, die bei der Truppe mit einfachen Mitteln repariert bzw. ersetzt werden konnten. Eine hydraulische Zusatzbremse wirkte auf beide hintere Bremsen, die zum Abbremsen der einzelnen Gleisketten verwendet werden konnten. Das Opel-Kettenlaufwerk war von Grund auf für den Anbau an ein Lastwagenfahrgestell ausgelegt. Bei geringerem Gewicht gegenüber früheren Konstruktionen ergab sich ein Höchstmaß an Festigkeit.

Im Januar 1943 entschied Hitler, daß von den Dreitonnen »Maultieren« die SS Lösung weiter gebaut wird. Zunächst wäre eine Fertigung von 1000 Stück pro Monat zu gewährleisten. Eine weitere Steigerung war beschleunigt im Rahmen der Steigerungsmöglichkeit der Dreitonner »S« Type anzustreben.

Die Opel Entwicklung war dennoch abzuschließen. Sollten sich bei der SS Lösung bisher noch nicht übersehbare Schwierigkeiten ergeben, konnte auf das Opel Fahrzeug zurückgegriffen werden. Der SS Führer, der die SS Ausführung entwickelt hatte, sollte von Hitler

Zusätzlich gab es noch 300 Munitionsfahrzeuge dieser Art, die als Versorgungsfahrzeuge eingesetzt wurden.

eine Dotation von RM 50 000,– erhalten. An der Entwicklung war die SS Division »Reich« beteiligt.

Dreihundert der ursprünglichen Fahrzeuge wurden mit leichten Panzeraufbauten versehen und erhielten den 15 cm Nebelwerfer-Zehnling 41 mit 360° Schwenkbereich. Zusätzliche Bestellungen beliefen sich bis September 1943 auf weitere 300 Fahrzeuge als Munitionsfahrzeuge. 90 davon waren am 1. August 1943 vorhanden.

15 cm Panzerwerfer 43 (Sd. Kfz. 4/1)

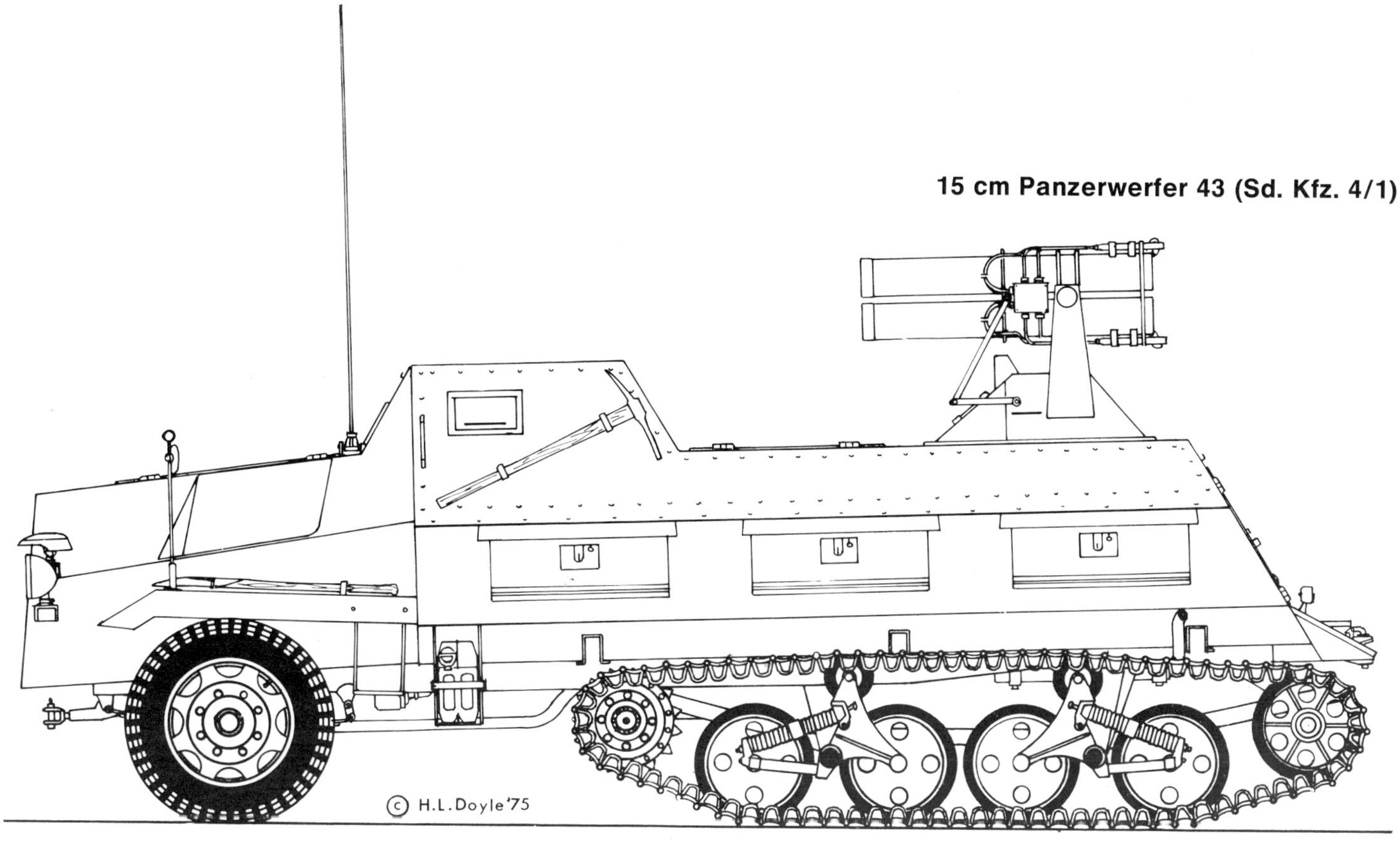

© H.L. Doyle '75

Ein 4,5-t-»Maultier«-Fahrzeug sollte kurzfristig entwikkelt und beschleunigt in den Versuch gebracht werden. Es sollte in erster Linie als Zugmittel für die Pak 43 Verwendung finden. Daimler-Benz und Büssing-NAG reichten diesbezüglich Vorschläge ein. Daimler-Benz erhielt einen ursprünglichen Auftrag über 600 Fahrzeuge. Die Serienfertigung sollte im Mai 1943 beginnen. Nach Ausbau der Hinterachse beim 4,5t »S« Lastkraftwagen-Typ wurde ein komplettes »Panzer II« Kettenlaufwerk angebaut. Schwachstellen im Antrieb stellten die Verwendung dieses Fahrzeuges als Zugmittel in Zweifel, sodaß es hauptsächlich als Versorgungsfahrzeug verwendet wurde. Die ersten 40 Fahrzeuge wurden im August 1943 ausgeliefert, insgesamt wurden in diesem Jahr 594 Stück »Gleisketten-Lastkraftwagen 4,5t, offen (Maultier) hergestellt. 1944 folgten weitere 886 Stück. Da die Höchstgeschwindigkeit von »Maultier« Fahrzeugen mit 20 bis 25 km/Std. bei weitem genügte, sollte zur Schonung der Getriebe untersucht werden, ob eine Zwischenübersetzung eingebaut werden könnte.

Ähnlich dem Opel Entwurf entwickelte die Daimler-Benz AG ein stark vereinfachtes Kettenlaufwerk für dieses Fahrzeug, welches nach Auslauf des »Panzer II« Laufwerkes verwendet werden sollte. Nur noch einzelne Prototypen wurden davon hergestellt. Die Entwicklung dieser Fahrzeuge erfolgte im Werk Gaggenau.

Von der 4,5-t-Ausführung der »Maultier«-Baureihe gab es nur diese Version der Daimler-Benz AG. Die Bilder zeigen das Fahrzeug mit dem Original-Fahrerhaus und dem später für alle Lastkraftwagen verwendeten »Einheits«-Fahrerhaus der deutschen Wehrmacht.

Auch hier sollte das Laufwerk wesentlich vereinfacht werden. Bild oben zeigt das dem Opel-Laufwerk ähnliche Untersetz-Gerät, welches als geschlossene Einheit an jedem 4,5 t »S« Typ angebracht werden konnte.

Die Draufsicht des Fahrzeuges zeigt den Hilfsrahmen des Laufwerkes und den denkbar einfachen Anbau an das bestehende Fahrgestell. ▶

Auch Büssing-NAG versuchte sich an dieser Entwicklung, jedoch kam es hier nur zu dementsprechenden Vorschlägen.

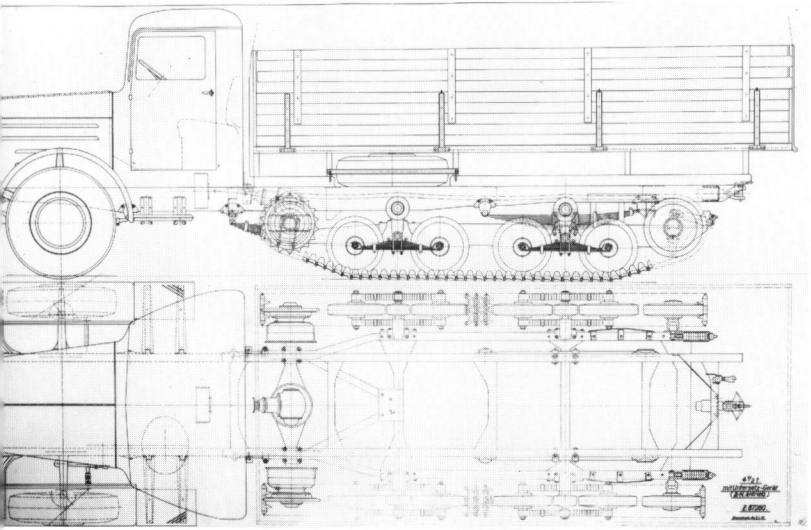

Am 8. 7. 1944 forderte Hitler auf Grund der Treibstofflage nochmals ein energisches Vorantreiben der Erprobung von Dieselmotoren für Lastkraftwagen, Zugmaschinen und Panzerwagen sowie eine mögliche Be-

schleunigung einer serienmäßigen Einführung. So war bereits ab 1943 die Entwicklung eines Umbausatzes für die weitverbreitete Opel Sechszylindermaschine eingeleitet worden. Dabei sollte die Wasserkühlung aufgegeben werden, die vorhandene Fertigung jedoch weiter verwendet, die Austauschbarkeit sichergestellt und eine Produktionsunterbrechung vermieden werden. Es stellte sich jedoch heraus, daß eine rein luftgekühlte Maschine eine andere Zylindereinteilung erforderte. Dies war wiederum wegen der vorhandenen Werkzeugmaschinen nicht möglich. Anstelle der Luftkühlung für den gesamten Motor wurde nunmehr eine Ölkühlung für die Zylinder und Luftkühlung für die Zylinderköpfe vorgeschlagen. Die Hauptteile des wassergekühlten Motors konnten beibehalten werden, lediglich

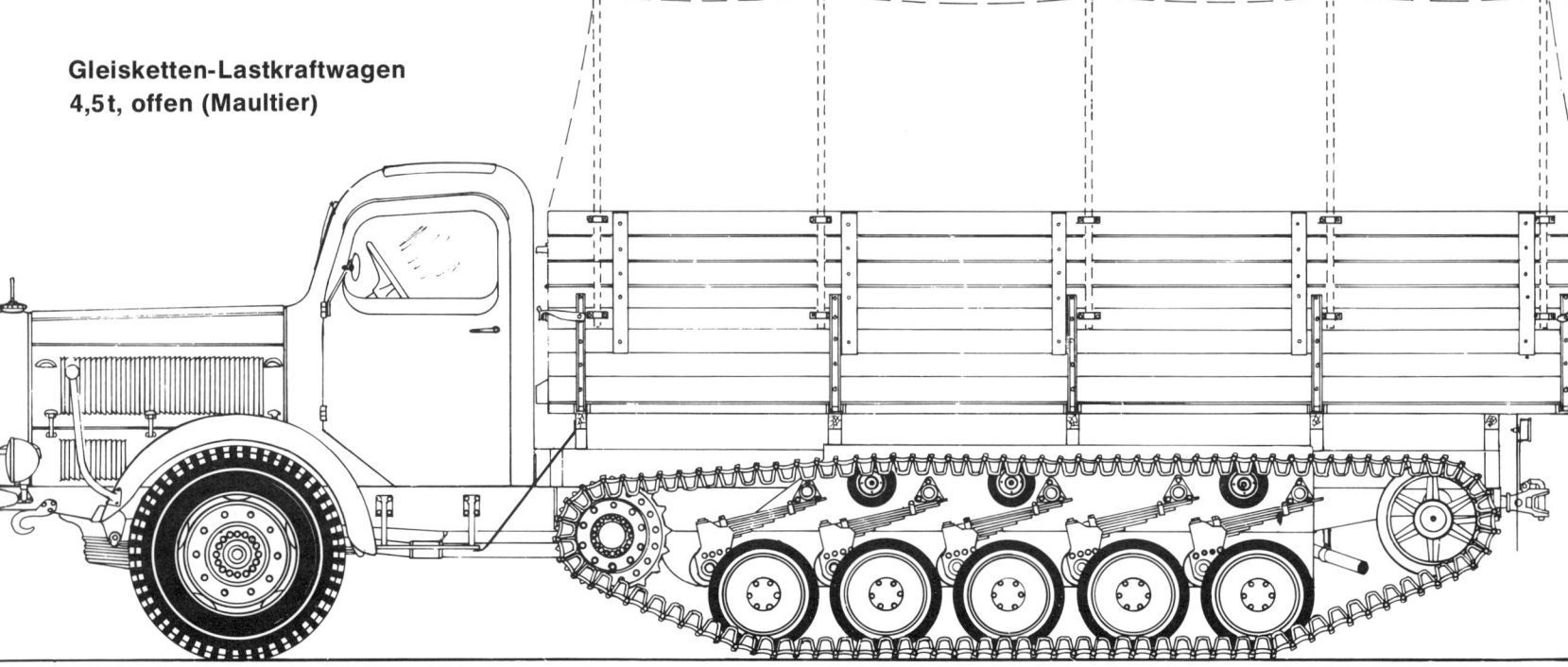

Gleisketten-Lastkraftwagen 4,5t, offen (Maultier)

ein Luftgebläse und eine zusätzliche Ölpumpe wurden angebaut. Neben der Vergasermaschine wurde auch ein Dieselverfahren mit Lanova Verbrennungssystem erprobt. Eine Besprechung im Führerhauptquartier am 6. 11. 1944 ergab für den 3-t-Lastkraftwagen eine Weiterentwicklung des von Daimler-Benz in Gaggenau entwickelten »OM 302« wassergekühlten Dieselmotors. In Anbetracht der Aufgabe, die die neugebildete Unterkommission der EKK bezüglich der Umstellung des 3-t-A-Lastkraftwagens der Firma Opel als Pak-Zugmittel bekommen hatte, mußte jedoch der luftgekühlte Sechszylindermotor »OM 175« weiterentwickelt werden. Die Versuchsabteilung der Daimler-Benz AG sollte dazu 10 weitere »OM 175« Motoren bauen, die je zur Hälfte mit DB Wirbelkammer und MAN Kugelbrennraum auszustatten waren.

Für die Fahrzeuge der 4,5-t-Klasse war eine Luftkühlung ursprünglich nicht gefordert. Um einer etwaigen Forderung jedoch entgegen zu kommen, entwickelte die Daimler-Benz AG den luftgekühlten Sechszylinder Dieselmotor »OM 67/6«, welcher mit DB Wirbelkammer ausgerüstet bei Prüfstand- und Fahrerprobung mit Achsialgebläse eine gute Betriebsreife gezeigt hatte. Aus Gewichtsgründen und wegen der mehr fortschrittlichen Konstruktion sollte jedoch der »OM 176« dem »OM 67/6« vorgezogen werden. All diese Entwicklungen waren bei Kriegsende noch nicht abgeschlossen. In

diesem Zusammenhang sollte auch sofort untersucht werden, unter welchen Voraussetzungen die Produktionsbasis des 12-Zylinder luftgekühlten Tatra »103« Motors wesentlich erweitert werden konnte.

8t Halbketten- und HK 900 Baureihe

Am 20. Juni 1932 hatte beim Leiter Wa Prw eine Besprechung über das Entwicklungsprogramm der In. 6 stattgefunden, die sich u. a. mit der Entwicklung von Zugmaschinen befaßte. Dabei trug der damalige Major Nehring die Wünsche der In. 4 vor. Er erklärte, daß im Moment ein vordringlicher Bedarf für eine mittlere Zugmaschine nicht bestünde, dagegen aber eine schwere Zugmaschine vordringlich sei. Der anwesende General Karlewski hielt jedoch dagegen, daß die bestehende Lösung des Transportes der bisherigen mittleren Kaliber nur als äußerster Notbehelf betrachtet werden konnte, der für die zukünftigen P-Geschütze mit ihren schwereren Gewichten völlig unzulänglich sei. Er könne daher als Artillerist auf die Weiterentwicklung einer sowohl auf der Straße wie auch im Gelände voll brauchbaren mittleren Zugmaschine nicht verzichten. Welche Zugmaschine, ob die schwerere oder die mittlere vordringlich sei, wollte er nicht entscheiden. Diese Entscheidung erübrige sich sowieso, da die schwerere Zugmaschine in ihrer Entwicklung wesentlich fortgeschritten sei. Die Entwicklung der mittleren Zugma-

Die erste Produktionsausführung des mittleren geländegängigen Zugkraftwagens der Firma Krauss-Maffei AG. Ausführung 1934 mit kurzem Kettenlaufwerk.

Die von 1934 bis 1935 gebaute Ausführung »KM m 8«, welche außer von Krauss-Maffei auch bei Daimler-Benz und Büssing-NAG gefertigt wurde. ➤

Die Fahrzeuge wurden vorwiegend zum Ziehen der 7,5 cm Feldkanone 16 n.A. verwendet, die für diesen Zweck auf einem gefederten Einachsanhänger aufgelastet war. (Bild unten)

Das Bild links unten zeigt das Verlasten des Geschützes auf dem Anhänger.

Das Fahrzeug »KM m 8« als Zugmittel für die 15 cm sFH 18.

schine noch weiter zu verlangsamen, hielt er nicht für tragbar. Die weitere Aussprache ergab, daß die Konstruktion und der Bau der schweren Zugmaschine beschleunigt durchzuführen sei und daß die Entwicklung der mittleren Zugmaschine im bisherigen Tempo weiter zu erfolgen habe.

Verantwortlich für die Entwicklung der mittleren Zugmaschine war die Firma Krauss-Maffei AG in München-Allach, die wie bereits erwähnt, seit den dreißiger Jahren mit dem Bau von Zugmaschinen verschiedener Art beschäftigt war.

Sie produzierte die vom Heereswaffenamt entwickelte erste Ausführung im Jahre 1934. Die den üblichen Konstruktionstendenzen folgende erste Produktionsausführung hatte ein verhältnismäßig kurzes Kettenlaufwerk mit nur vier Laufrollen. Sie wurde hauptsächlich Artillerie-Einheiten zugeteilt und zog dort auf zweirädrigen Fahrböcken aufgelastete Feldgeschütze. Sie wurde gegen Ende 1934 durch den mittleren, geländegängigen Zugkraftwagen (Sd. Kfz. 7), Typ 1934 abgelöst, der nunmehr ein 5-Räder Laufwerk aufwies. Das Fahrzeug war noch immer mit dem Maybach »HL 52« Sechszylinder 115 PS Triebwerk ausgerüstet und hatte bei einem Gesamtgewicht von 11 t eine Nennzugleistung von 8000 kp. Innerhalb dieser Baureihe waren die Krauss-Maffei (Typ KM m 8) Fahrzeuge (Fahrgestell Nr. 8002 und 8008), die Daimler-Benz Ausführung (Typ DB m 8) (Fahrgestell Nr. 17055–17059), sowie die Büssing-NAG Fahrzeuge (Typ BN m 8) mit Fahrgestell Nr. 20001–20010 noch mit einer Ross Lenkung ausgerü-

stet. Bei der Krauss-Maffei Ausführung wirkte der Handbremshebel bis Fahrgestell Nr. 8022 auf die mechanische Zugkraftwagenbremse. Krauss-Maffei stellte von dieser Ausführung 380 Stück her.

Von 1935 bis 1936 wurde der Nachfolgetyp »KM m 9« ausschließlich von Krauss-Maffei gebaut. Nunmehr war der Maybach »HL 57« Motor eingebaut. Die Fahrzeuge waren hauptsächlich zum Ziehen der schweren Feldhaubitze 18, der schweren 10 cm Kanone und der 8,8 cm Flak vorgesehen. Elf Mann konnten auf dem Fahrzeug untergebracht werden. 127 Stück wurden von Krauss-Maffei gefertigt.

Der Ende 1936 anlaufende Typ »KM m 10« war baugleich mit seinem Vorgänger, hatte jedoch den Maybach »HL 62« eingebaut. Nachgebaut wurde dieser Typ von den Hansa-Lloyd-Goliath-Werken in Bremen unter der Typenbezeichnung »HL m 10«. Die erste Serie war noch mit einer ZF Ross Lenkung ausgerüstet, während die 2. Serie der Typen »HL m 10« und »KM m 10« mit der Münz Typ 4 Lenkung ausgestattet wurde. Hansa-Lloyd-Goliath stellte insgesamt 222 dieser Fahrzeuge her. Sie wurden bis 1937 gefertigt. Die Produktion bei Krauss-Maffei belief sich auf 111 Einheiten.

Die Abschlußausführung dieser Baureihe, der Typ »KM m 11« wurde von 1937 bis 1945 gebaut. Die Zahl der Laufräder im Kettenlaufwerk war von vier auf sechs erhöht worden, die Kettenauflagelänge betrug nunmehr 2235 mm. Das Gesamtgewicht hatte sich auf 11,55 t erhöht. Nach wie vor waren 11 Sitzplätze vorhanden. Hansa-Lloyd-Goliath, später Borgward beteiligte sich am Nachbau unter der Typenbezeichnung »HL m 11«. Krauss-Maffei erhöhte ab 1943 die monatliche Produktion auf 100 Einheiten und stellte insgesamt 5026 Stück »KM m 11« Fahrzeuge her.

Der Gesamtbestand der Wehrmacht an 8 t Zugkraftwagen (Sd. Kfz. 7) belief sich bei Ende 1942 auf 3262 Einheiten. 1943 wurden 3251 Zugkraftwagen dieser Größe gebaut, 1944 noch 3298 zusätzliche. Insgesamt waren ca. 12 000 dieser Fahrzeuge hergestellt worden, davon 6120 von der Patenfirma Krauss-Maffei.

64

Krauss-Maffei Prototyp »KM 7« (Dezember 1933)

Die Fahrzeuge »KM m 9« und »KM m 10« unterschieden sich lediglich durch den verwendeten Motor. Äußerlich waren beide Fahrzeuge baugleich. Bild zeigt die ursprüngliche Ausführung der vorderen Kotflügel.

Die Übersicht des Fahrgestelles zeigt neben den geänderten Kotflügeln die Hauptaggregate des Fahrgestelles.

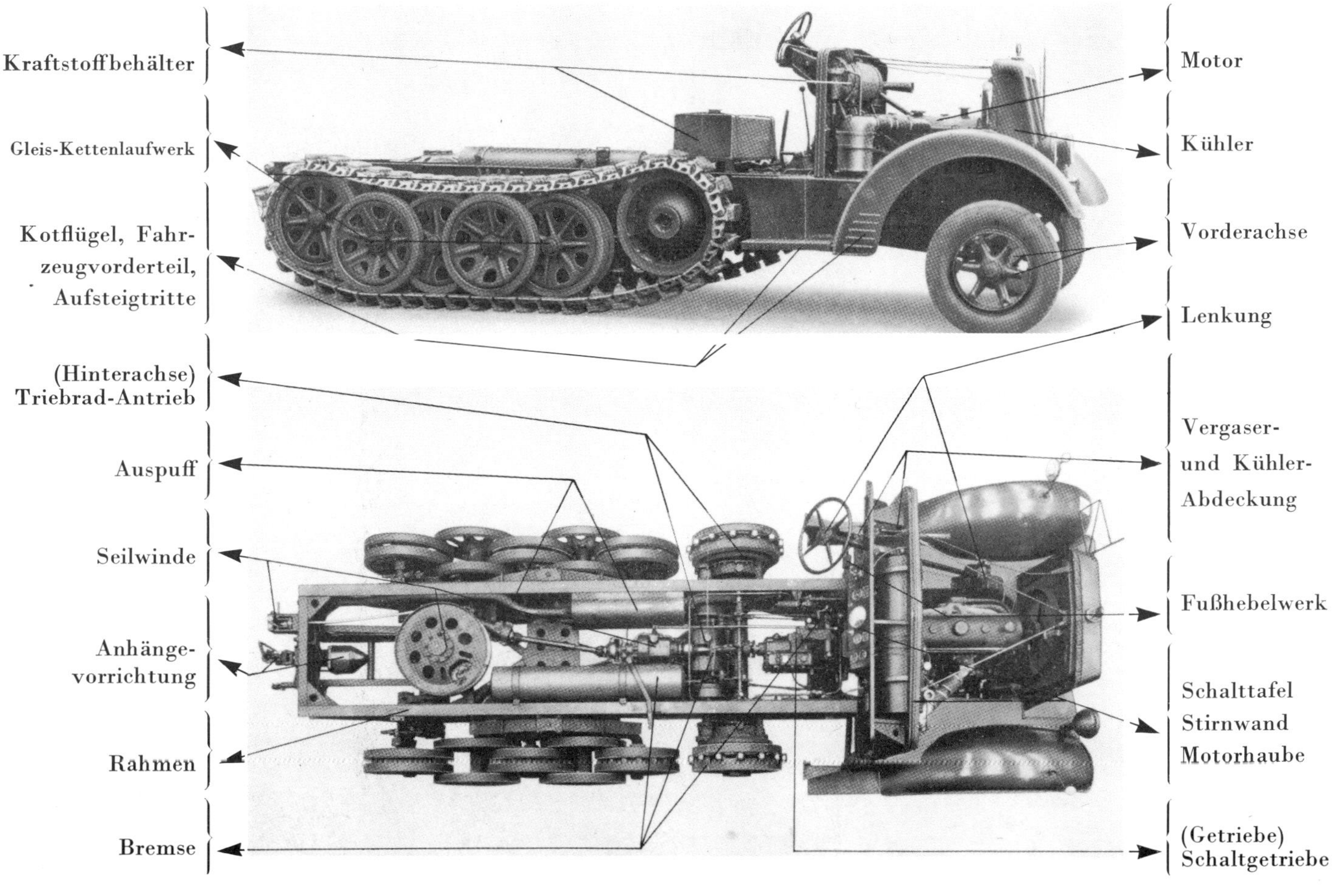

Kraftstoffbehälter

Gleis-Kettenlaufwerk

Kotflügel, Fahr-
zeugvorderteil,
Aufsteigtritte

(Hinterachse)
Triebrad-Antrieb

Auspuff

Seilwinde

Anhänge-
vorrichtung

Rahmen

Bremse

Motor

Kühler

Vorderachse

Lenkung

Vergaser-
und Kühler-
Abdeckung

Fußhebelwerk

Schalttafel
Stirnwand
Motorhaube

(Getriebe)
Schaltgetriebe

Zum Panzerbergedienst eingesetzte Zgkw. 8 t
zogen den Tiefladeanhänger für Panzerkampfwagen
(Sd. Anh. 115) (Oben)

Bildfolge von oben nach unten: Tatsächlich in Großserie gebaut wurde der Typ »KM m 11«, der bis 1945 produziert wurde. Bild zeigt abholbereite Fahrgestelle bei der Krauss-Maffei in München.

Links neben den Fahrgestellen »KM m 11« komplettierte Baumuster »KM m 8«, darunter eine ungewöhnliche Ausführung mit Lastwagenpritsche.

Der Typ »KM m 11« wurde vorwiegend als Zugmittel für die 8,8 cm Flak bekannt. Hier ein bei der Luftwaffe verwendetes Fahrzeug.

Die Rückansicht des Fahrzeuges »KM m 11« zeigt den Laderaum für Munition und Werkzeuge.

Auszüge aus der Entwicklung des Sd. Kfz. 7
Oben: KMZ 85/100 April 1933
Unten: KMZ 100 Februar 1934

Der Maybach »HL 62 TUK« Motor mit Getriebe von der Vergaserseite (oben) und Auspuffseite (unten).

Das bei Halbkettenfahrzeugen typische Abheben der Vorderachse in schwierigem Gelände. (oben links)

◄ Erprobungsfahrten in tiefem Schnee.

Die verschließbaren Schränke enthielten neben Werkzeug auch Zubehör und Vorratssachen. (Links unten)

Die Abschlußausführung des Sd. Kfz. 7

▼

Das ZF Getriebe von der Seite und von unten gesehen.

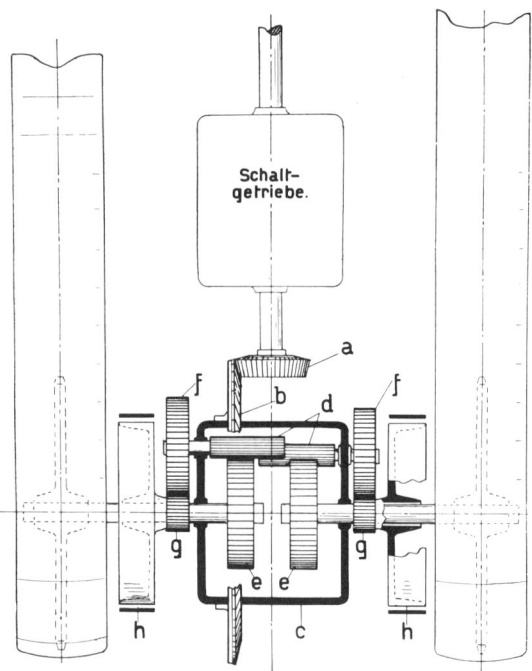

Das für alle Zugkraftwagen zutreffende Schema des Lenkgetriebes.

Der Triebradantrieb des mittleren Zugkraftwagen.

Die Laufwerksanordnung mit abgenommenen Laufrädern zeigt die Abstützung durch Blattfedern und die in Kurbelarmen gelagerten Radaufnahmen.

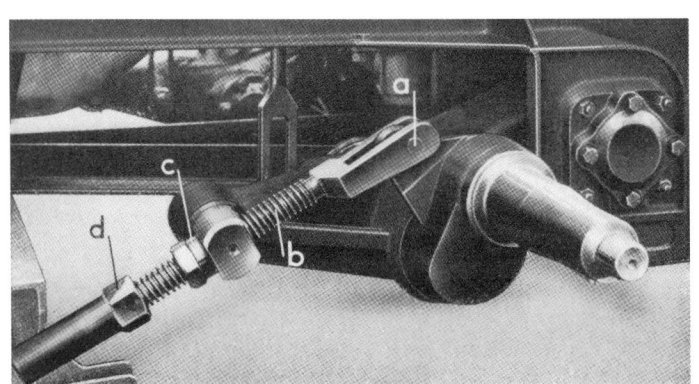

Der mit a) bezeichnete Scherbolzen verhinderte durch Brechen jegliche Überbelastung des Kettenlaufwerkes. Bild zeigt Einzelheiten der Leitradkurbelachse und der Kettenspannvorrichtung.

Bild zeigt Einzelheiten der geschmierten Gleisketten

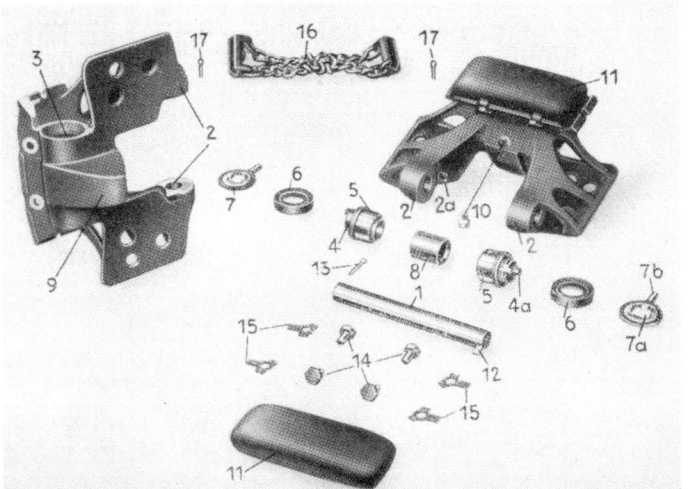

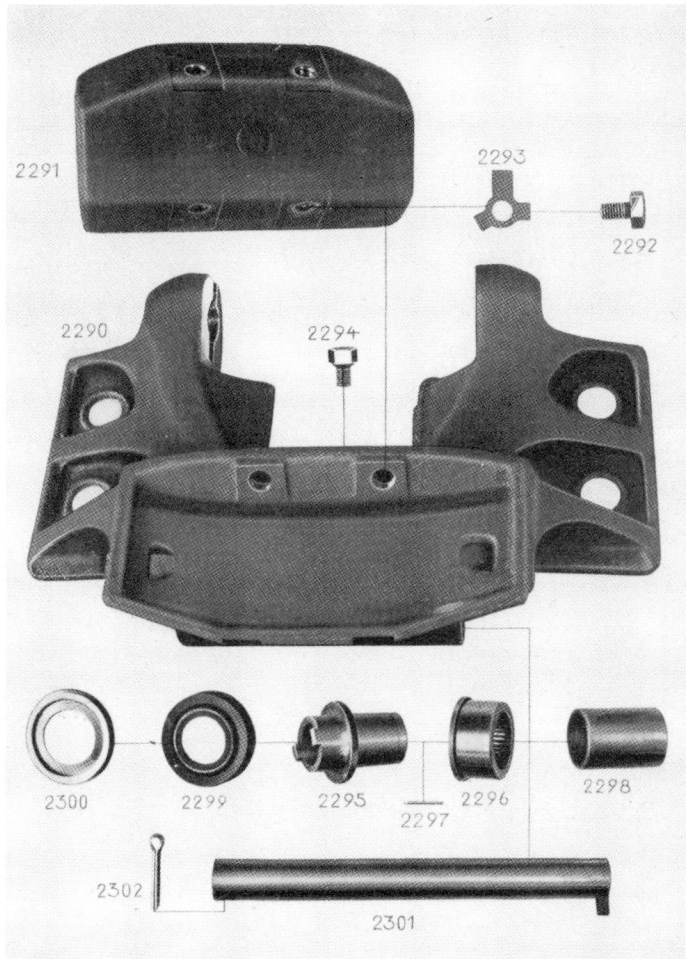

Der Zusammenbau der Kette. ⬅

FIAT hatte bis Mai 1941 einen Prototyp für ein Halbkettenfahrzeug nach deutschem Vorbild fertiggestellt und diesen Typ »727« für Verhandlungen mit deutschen Firmen wegen einer Fertigungslizenz für die »Richter« Kette bereitgehalten. Die Zeichnungen für die Zugmaschinenkette wurden im Laufe des Jahres 1942 an FIAT geliefert. Sie waren zur Verwendung bei den Typen »727« und »Dovunque 41« vorgesehen. Der Typ »727« hatte eine Tragfähigkeit von 1,5 t bei einer Höchstgeschwindigkeit von 53 km/h. Die Nennzugleistung betrug 6 t. Das Fahrzeug wurde im Juni 1943 bestellt und sollte ab April 1944 zur Truppe gelangen. Das Eigengewicht betrug 3 t.

Einzelheiten des Kettengliedes – 2291 = Gummipolster mit Polsterhalter, 2290 = Kettenglied, 2294 = Ölkammerverschlußschraube, 2300 = Sicherungsscheibe, 2299 = Gleitdichtung, 2295 = Lagerinnenbüchse, 2296 = Lageraußenbüchse, 2298 = Abstandsbüchse, 2301 = Kettengliedbolzen. (Bild oben links)

Der Standardaufbau der 8 t Zugmaschine. (Unten)

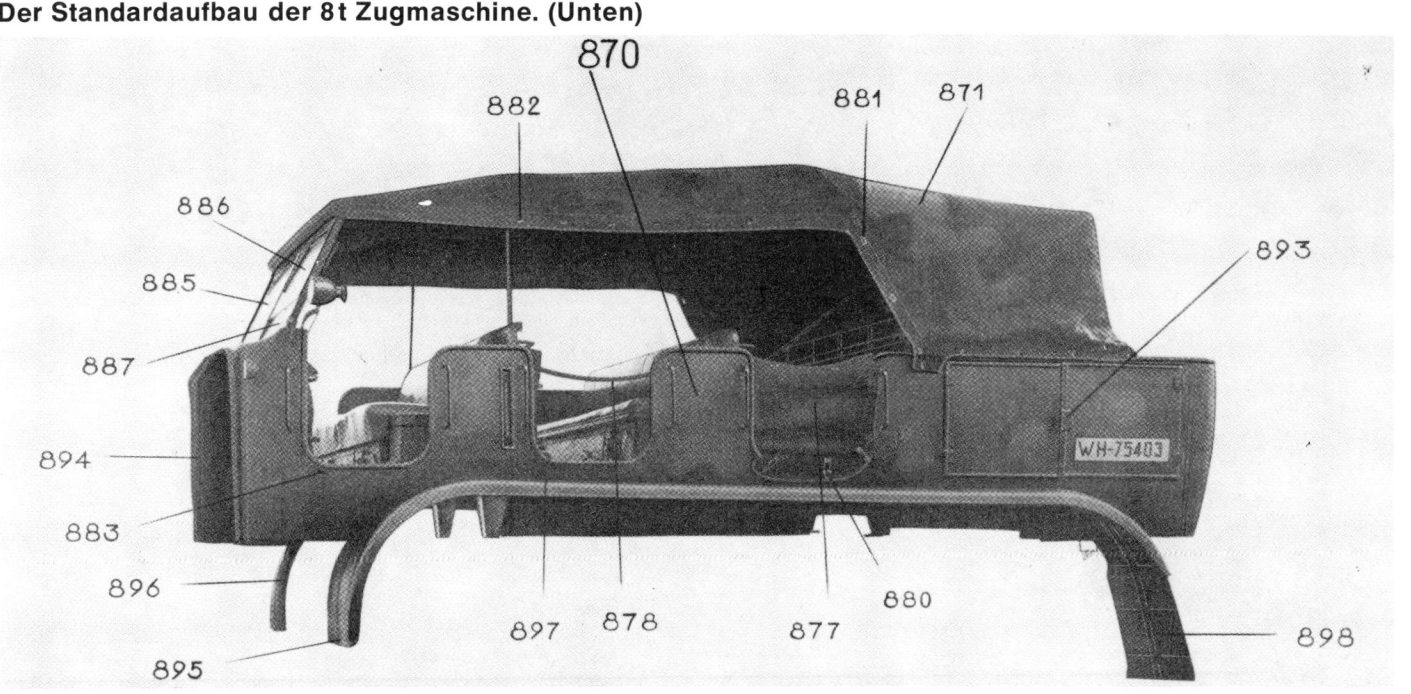

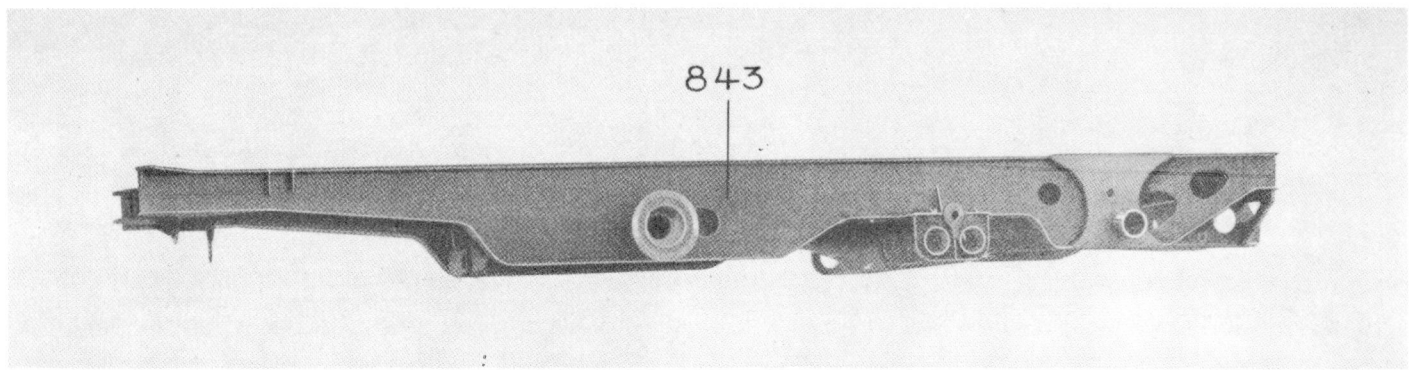

Der Rahmen der 8-t-Zugmaschine.

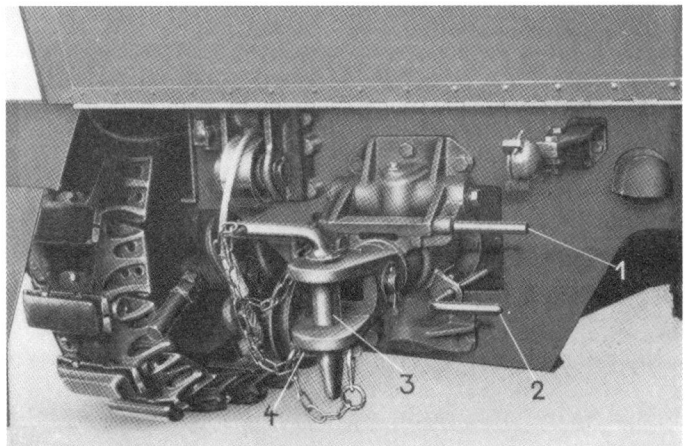

Die Anbringung der Anhängekupplung

1 = Sperrfalle zum Ausschwenken
    der Kupplung
2 = Sperrhebel zum Ausziehen der
    Kupplung
3 = Kupplungsbolzen
4 = Bolzensicherung

Einzelheiten der im Rahmen untergebrachten Seilwinde.

1 = Schalthebel für Untersetzer und
    Seilwinde
2 = Doppel-Gelenk-Antriebswelle
3 = Kupplungshebel
4 = Untere Seilführungsrolle
5 = Öleinfüllschraube
6 = Getriebeschalthebel

Das zweite Fahrzeug war eine Abart des 6-Rad-Fahrzeuges »Dovunque« der Firma SPA. Es sollte daraus ein Halbkettenfahrzeug entwickelt werden unter Ausnutzung der mit dem Typ »727« gemachten Erfahrungen. Als Nutzlast für dieses Fahrzeug wurden 5 t erwartet, die Höchstgeschwindigkeit betrug 50 km/h. Die Fertigung von Prototypen erfolgte Anfang 1943. Es folgte der Typ »Dovunque 42« mit 3,5 t Nutzlast, welcher eine Höchstgeschwindigkeit bis zu 68 km/h erreichte. Diese Entwicklung wurde durch den Waffenstillstand im September 1943 unterbrochen. Auch diese Fahrzeuge wurden nicht in Serie gefertigt.

Die Firma BREDA baute das Fahrzeug »KM m 11« fast unverändert nach, wobei äußerlich lediglich die Kühlermaske und Motorenabdeckung sowie die Rechtslen-

Das Befestigen von Schneeketten auf den Gummipolstern der Gleisketten. ➡

Ein von FIAT in Turin hergestellter Zugkraftwagen mit dem Kettenlaufwerk der 8-t-Zugmaschine. Nur Prototypen wurden gebaut.

kung auffielen. Dieser Typ »61« war jedoch mit dem BREDA »T 14« Sechszylinder-Vergasermotor mit 130 PS Leistung ausgerüstet. Davon wurden nach 1943 einige hundert Einheiten für die deutsche Wehrmacht gefertigt. Später beschränkte sich BREDA auf die Fertigung von Ersatzteilen. Untersucht wurde auch die Möglichkeit, die Fahrzeuge als Selbstfahrlafette für den Aufbau einer 7,5 cm Kanone L/46 oder 9 cm Kanone L/53 zu verwenden. Sie sollten als Panzerabwehrwaffen Verwendung finden.

Gegen Ende des Krieges beteiligte sich auch noch die Österreichischen Saurerwerke AG in Wien an dieser Produktion. Bei einer durchschnittlichen Fertigungszeit von fünfzehn Monaten betrug der Preis pro Zugmaschine RM 36 000,–. Henschel hatte 1942 versuchsweise zwanzig dieser Einheiten hergestellt. Die Aufbau-

Der Breda Typ »61« unterschied sich vom Fahrzeug »KM m 11« durch eine andere Ausführung der Kühlermaske und durch den Motor. (Links oben)

Bei einem Vergleich mit dem »KM m 11« Fahrgestell ergibt sich lediglich die Unterbringung der Lenkung auf der rechten Seite. Das Fahrzeug ging nur in begrenzte Serienproduktion. (Oben)

Das Sd. Kfz. 7/1 mit aufgesetztem 2 cm Flakvierling 38. Vom Fahrzeug gezogen ein Sd. Anh. 56.

Die Seitenwände der Schießplattform konnten im Einsatz waagerecht abgeklappt werden, um die Bewegungsfreiheit der Besatzung zu erhöhen. (Unten)

ten für die 8 t-Zugmaschine kamen hauptsächlich von den Firmen Jessen in Hamburg und Lindner in Ammendorf.

Als Sd. Kfz. 7/1 lief das Fahrzeug als Selbstfahrlafette für den 2 cm Flak Vierling 38 in Lafette 400. Auf der Selbstfahrlafette waren untergebracht: die Waffe, Teile des Geschützzubehörs, sowie die vollständige Bedienung bestehend aus Fahrer, einem Geschützführer und vier Mann. Sechshundert Schuß Bereitschaftsmunition

wurden mitgeführt. Der Rest der Ausrüstung und die Munition wurden auf einem nachlaufenden Sd. Anhänger 56 befördert. Das Gesamtgewicht des Fahrzeuges betrug 11540 kp. Die Waffe selbst erhielt bald einen Schutzschild, während die Fahrerhäuser und auch die Besatzungsräume erst später, und dann nur teilweise, Panzerschutz erhielten. Einige Exemplare besaßen nur eine 2 cm Flak 30; es scheint sich um Truppenabänderungen gehandelt zu haben. Auch das 8 t Fahrgestell erhielt die 3,7 cm Flak 36 und wurde damit als Sd. Kfz. 7/2 bezeichnet. Mit sieben Mann Besatzung besaß das Fahrzeug ein Gefechtsgewicht von 11 050 kp. Selbst als

Eine Gegenüberstellung der Sd. Kfz. 7/1 und 7/2.

Das Sd. Kfz. 7/2 mit der 3,7 cm Flak 36 und geschützter Kabine und Kühlerschutz. (Rechts oben)

Bei der Abschlußausführung ergaben sich Bordwände aus Holz. (Rechts)

Der Versuchsaufbau einer 5 cm Flak 41 auf der 8-t-Zugmaschine. Zum Einsatz mußten die seitlich am Fahrzeug angebrachten Stützen ausgefahren werden. (Unten)

Das Sd. Kfz. 7/6 als Flakmeßtrupp-Kraftwagen mit einem Spezialaufbau für 12 Mann. ➤

Ein Sd. Kfz. 7 als Feuerleitfahrzeug für »V-2« Raketen-Einheiten. Hinten am Fahrzeug die Abschußplatte für die Rakete.

Das Fahrzeug wurde rückwärts an die Feuerstellung herangefahren um Beobachtungen des Abschusses unter Panzerschutz durchführen zu können.

Das Bild zeigt die Feuerstellung einer »V-2« Rakete mit dem Meiller-Transportanhänger und dem Feuerleitfahrzeug. ➡

Zugmittel erhielten einige der Fahrzeuge Panzerschutz, als die Überlegenheit der alliierten Luftwaffen immer offensichtlicher wurde. Für die Flugabwehrtruppe entstand weiterhin ein Flugabwehrmeßwagen (Sd. Kfz. 7/6) mit einer Besatzung von dreizehn Mann. Die Flugabwehrartillerie war es ebenfalls, die eine 5 cm Flak 41 versuchsweise auf diesem Fahrgestell unterbrachte. Beim Schießen mußten jedoch wegen des hohen Waffengewichtes vier Ausleger das Fahrzeug abstützen. Da dadurch die Feuerbereitschaft erheblich eingeschränkt

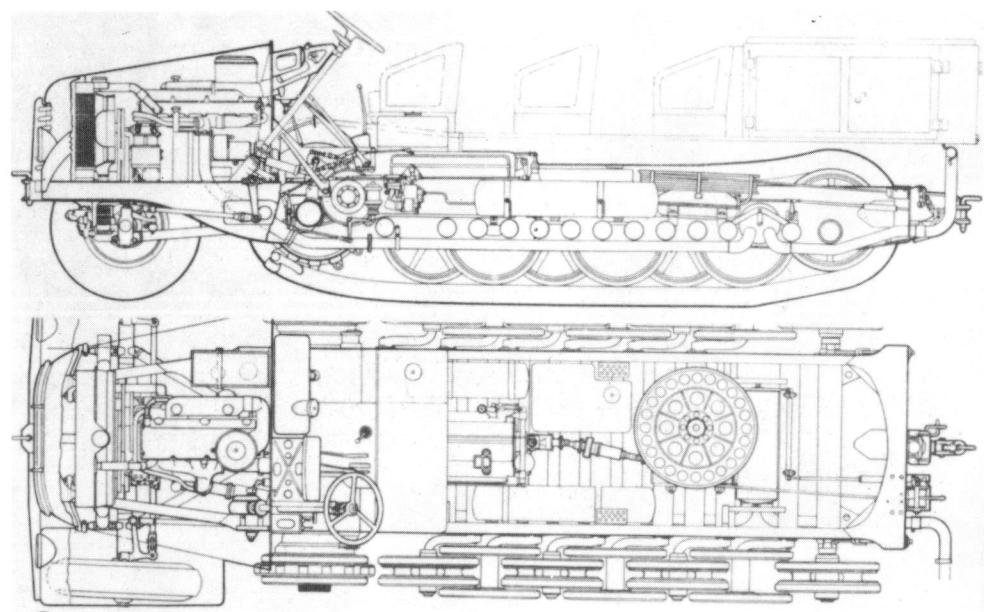

war, wurde die Entwicklung dieses Fahrzeuges nicht mehr weiterverfolgt.

V 2-Raketeneinheiten erhielten 1944 Zugkraftwagen 8 t als Feuerleitfahrzeuge, die auch zum Ziehen von Abschußplattformen verwendet wurden. Nach Kriegsschluß erhielt die Britische Besatzungsarmee in den Monaten September bis Oktober 1945 noch 30 Stück der »KM m 11« Fahrzeuge.

Die gleichlaufend um 1940 von Krauss-Maffei betriebene Entwicklung der »HK 900«-Baureihe schuf Prototypen unter der Bezeichnung »HK. 901«. Die Fahrzeuge galten als Ersatz für die mittleren Zugkraftwagen 5 und 8 t. An der Entwicklung beteiligt war auch Büssing-NAG in Berlin-Oberschöneweide. Bei einem Gesamtgewicht von 9,5 t sollten 50 km/h Höchstgeschwindigkeit erreicht werden. Ein Maybach-»HL 66«-155 PS-Motor

Mittlerer Zugkraftwagen 8 t (Sd. Kfz. 7)

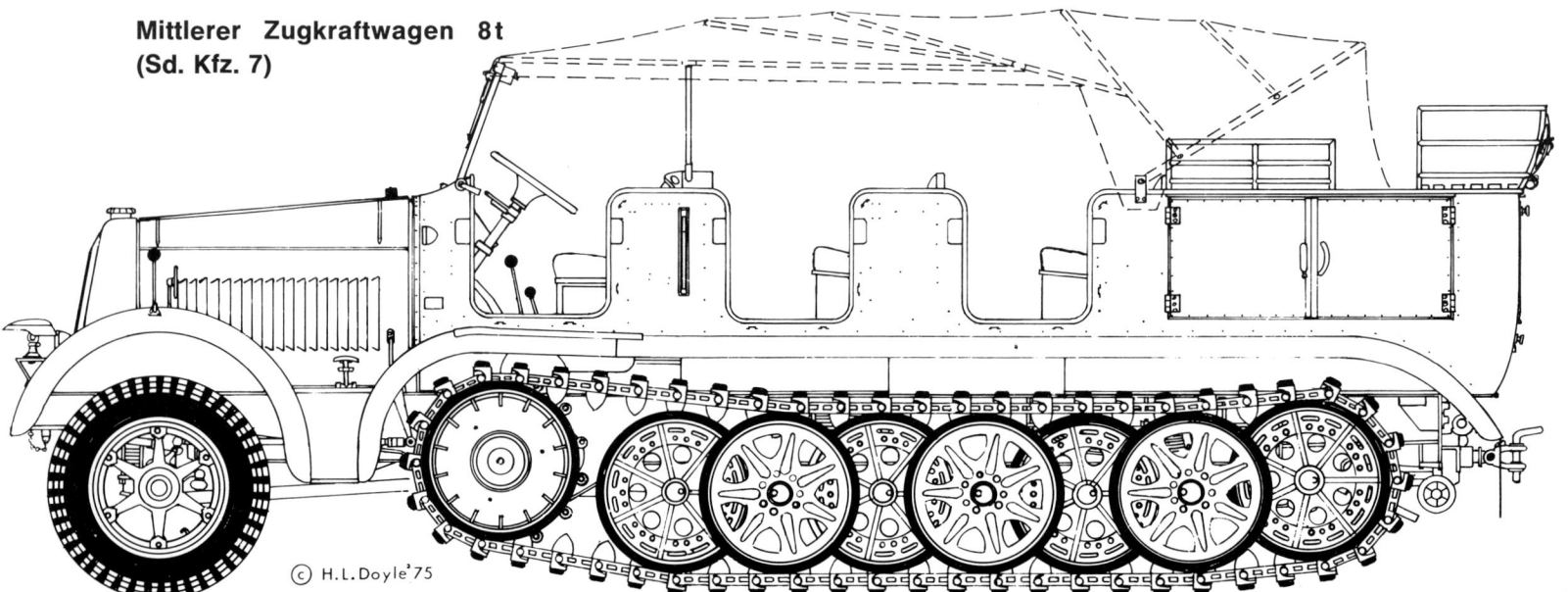

© H.L.Doyle '75

Sogar in England wurde ein Versuch unternommen, deutsche Halbkettenfahrzeuge nachzubauen. Bild zeigt das Modell des 1944/45 von Vauxhall Motors gebauten Fahrzeuges »BT«.

Sechs dieser Fahrzeuge wurden gebaut, sie waren mit je zwei Bedford LKW-Motoren ausgerüstet. Bei Kriegsende wurde diese Entwicklung eingestellt.

wurde zum Einbau vorgesehen. Ein auffallendes Baumerkmal dieser Baureihe bildete die Verwendung von Drehstäben zum Abfedern des Kettenlaufwerkes, während bis dahin in der 8 t-Serie ausschließlich Blattfedern verwendet worden waren. Der Schalterleichterung dienten Maybach-OLVAR-Getriebe. Nachdem vier Prototypen gebaut worden waren, wurde eine Nullserie von zusätzlichen dreißig Fahrzeugen genehmigt. Diese dreißig Fahrzeuge gliederten sich in fünfzehn Fahrzeuge Typ »HK. 904« mit OLVAR-Getriebe und fünfzehn Fahrzeuge Typ »HK. 905« mit OLVAR-Getriebe und Einheitslaufwerk.

Wie stark das Interesse des Auslandes an der deutschen Zugmaschinenentwicklung war, beweist die Tatsache, daß diese Fahrzeuge sogar in England gebaut werden sollten. Durch Auftrag des Versorgungsministeriums baute die Firma Vauxhall Motors Ltd. in Luton, Beds 1944 bis 1945 sechs Prototypen des Fahrzeuges »BT«, eine genaue Kopie der deutschen 8 t Zugmaschine. Da vorhandene Triebwerke verwendet werden mußten, kamen bei jedem Fahrzeug zwei serienmäßige 214 cu. inch Lastwagen-Vergasermotore zum Einbau. Die Versuche wurden bei Kriegsende eingestellt.

12 t Halbketten- und HK. 1601-Baureihe

Aufbauend auf den Erfahrungen mit dem »Marienwagen« entwickelte die Daimler-Benz AG in Berlin-Marienfelde in den Jahren 1931/32 den Halbkettenzugwagen »ZD. 5«. Das 9,3 t schwere Fahrzeug hatte hinten angetriebene Ketten. Ein Zwölfzylinder-Maybach-»DSO 8«-Motor mit 150 PS war eingebaut. Die Firma arbeitete das Projekt für russische Auftraggeber aus. Die Fahrzeuge wurden wie andere deutsche Militärfahrzeugentwicklungen tatsächlich in Rußland eingehend

In den Jahren 1931/32 lieferte die Daimler-Benz AG einige Fahrzeuge vom Typ »ZD 5« nach Rußland. Sie waren die Vorläufer der späteren 12-t-Zugmaschinen-Baureihe. Bild zeigt das Fahrgestell mit den hintenliegenden Antriebsrädern. Die Vorderachse war vollgummibereift.

Die Vorderansicht des Fahrzeuges »ZD 5« zeigt die ungewöhnliche Aufhängung der Vorderräder. ➤

Die Seitenansicht zeigt die Vorderradfederung mit Lastausgleich zum Kettenlaufwerk. Der Aufbau entspricht bereits den späteren Vorstellungen.

Als erstes Produktionsmodell erschien 1934 der Typ »DB s 7« des schweren Zugkraftwagens 12 t (Sd. Kfz. 8). Hier als Zugmittel für die 15 cm sFH 18.

Das Fahrzeug wurde fast ausschließlich als Artillerie-Zugmaschine für schwere Geschütze verwendet.

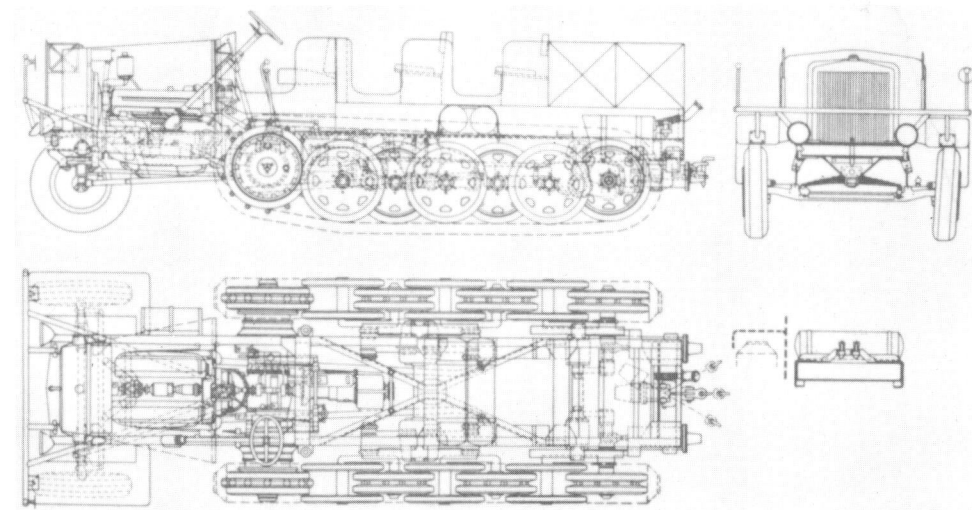

Der Typ »DB s 8« folgte 1936 und war noch immer mit dem Maybach »DSO 8« Motor ausgerüstet. Das Fahrzeug hatte nunmehr die mit den anderen Zugmaschinen-Typen einheitliche Form der Kühlerblende.

Der von 1938 bis 1939 gebaute Produktionstyp »DB 9« bei Versuchsfahrten im Gelände. Das Lichtraumprofil dieser Fahrzeuge konnte durch Umlegen der Windschutzscheibe beträchtlich verringert werden. ➡

Das Fahrzeug »DB 9« beim Ziehen schwerer Geschütze. Diese Fahrzeuge besaßen neben einer ausgezeichneten Zugleistung auch eine ausreichende Geländegängigkeit.

Der Führersitz des Fahrzeuges »DB 10«. Die Gummipolsterung des Antriebsrades ist gut erkennbar. Der Witterungsschutz der Besatzung war unzureichend.

Die 1939 erschienene Abschlußausführung der 12-t-Zugmaschine hatte nunmehr an den Vorderrädern Stahlblechscheiben anstelle der bisher üblichen Stahlgußspeichen.

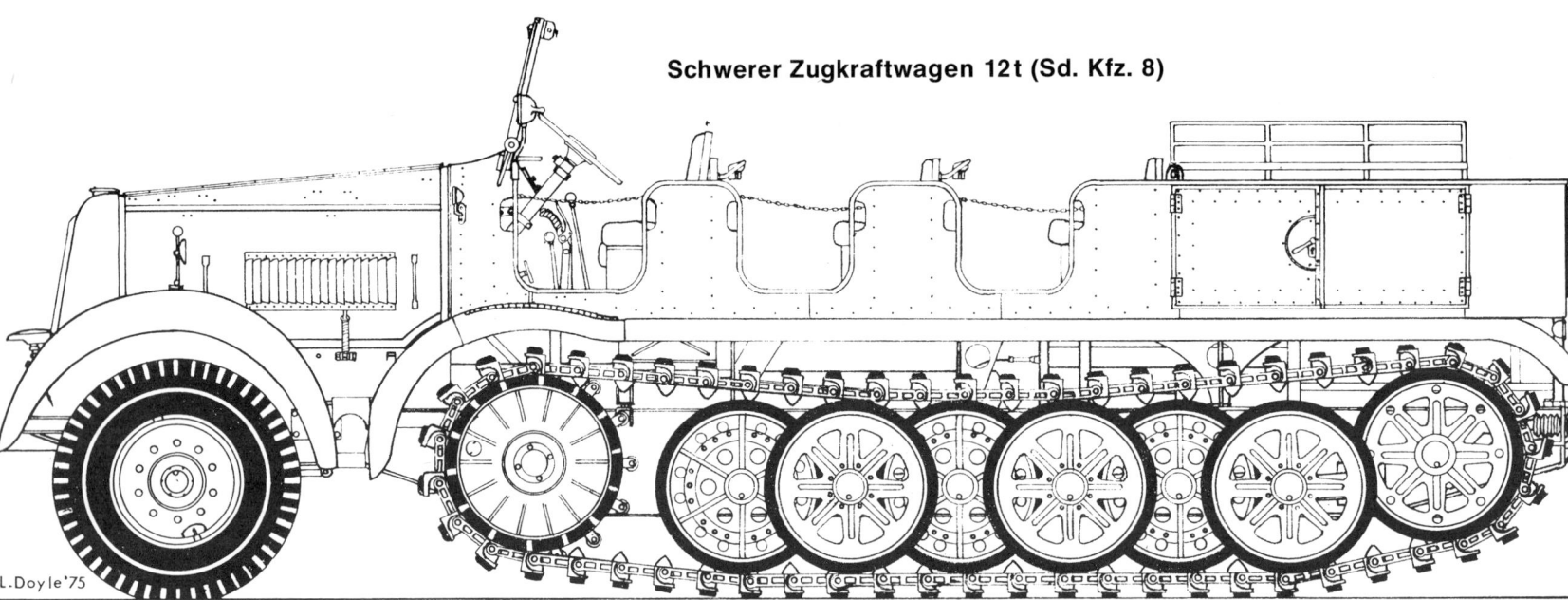

Schwerer Zugkraftwagen 12t (Sd. Kfz. 8)

L.Doyle '75

Die 17 cm Kanone 18 in Mörserlafette wurde zweilastig von der 12 t-Zugmaschine bewegt.

Mit Vorbaupflug wurden die Fahrzeuge auch zum Schneeräumen und zum Beseitigen von Hindernissen eingesetzt – 1 = Mittelkufe, 2 = Schneeräumer.

Das Anlassen des Fahrzeuges mit Schwungkraftanlasser – 1 Ölbadluftfilter, 2 = Lappen zum Abdecken der beim Anlassen nicht benötigten Lufteintrittsöffnungen, 3 = Azetylenentwickler, 4 = Plane, 5 = Handkurbel, 6 = Eindrückgriff zum Schwungkraftanlasser.

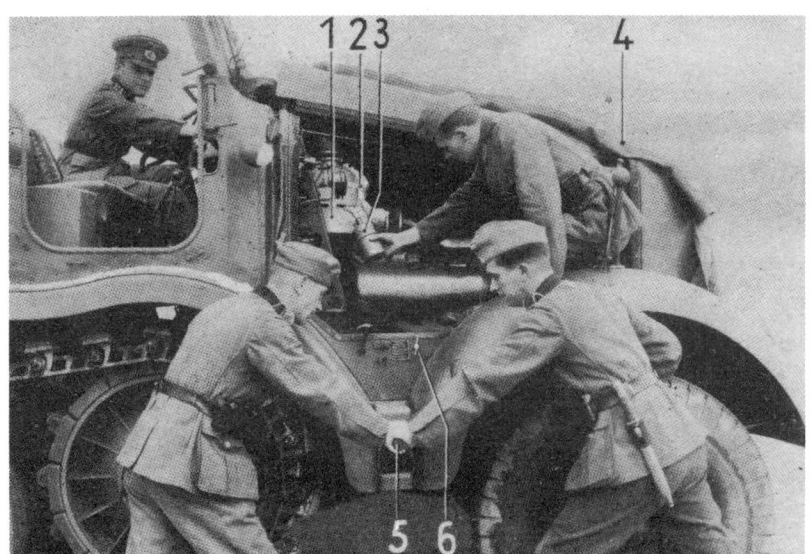

Gleiskettenmaschine »MSZ 201« der Fa. Maffei

Leichter Zugkraftwagen 1t (Sd. Kfz. 10)

leichter Zugkraftwagen 3t (Sd. Kfz. 11)

mittlerer Zugkraftwagen 8t (Sd. Kfz. 7)

82

schwerer Wehrmachtsschlepper (sWS)

schwerer Zugkraftwagen 18t (Sd. Kfz. 9)

83

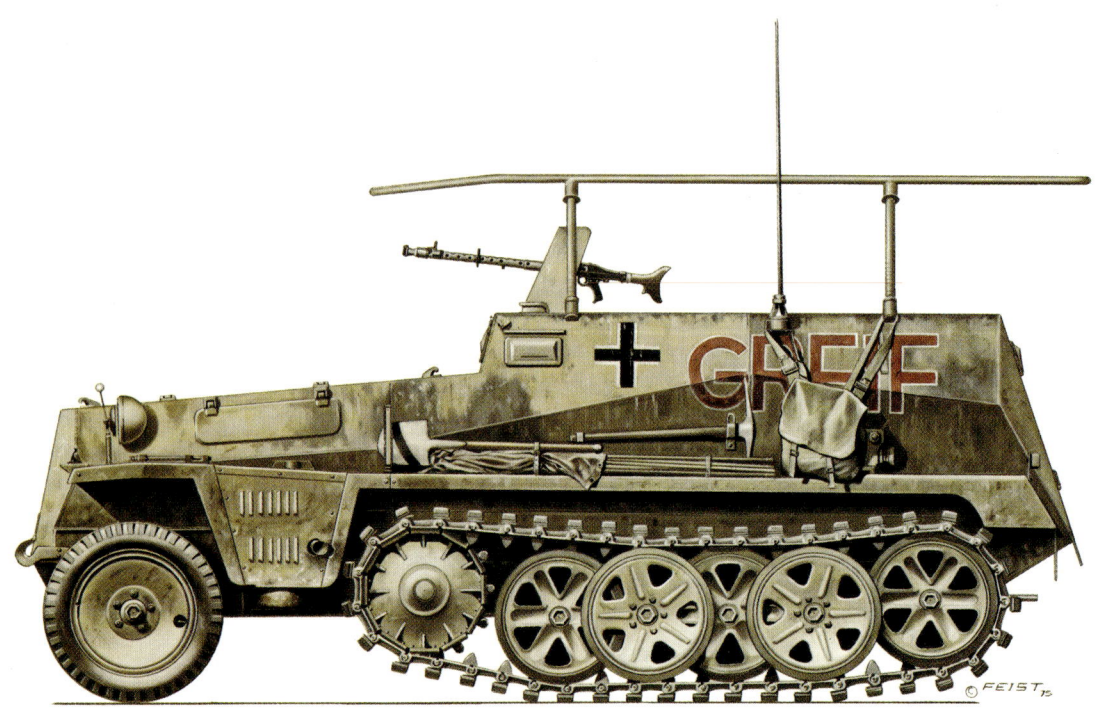

leichter Funkpanzerwagen (Sd. Kfz. 250/3)

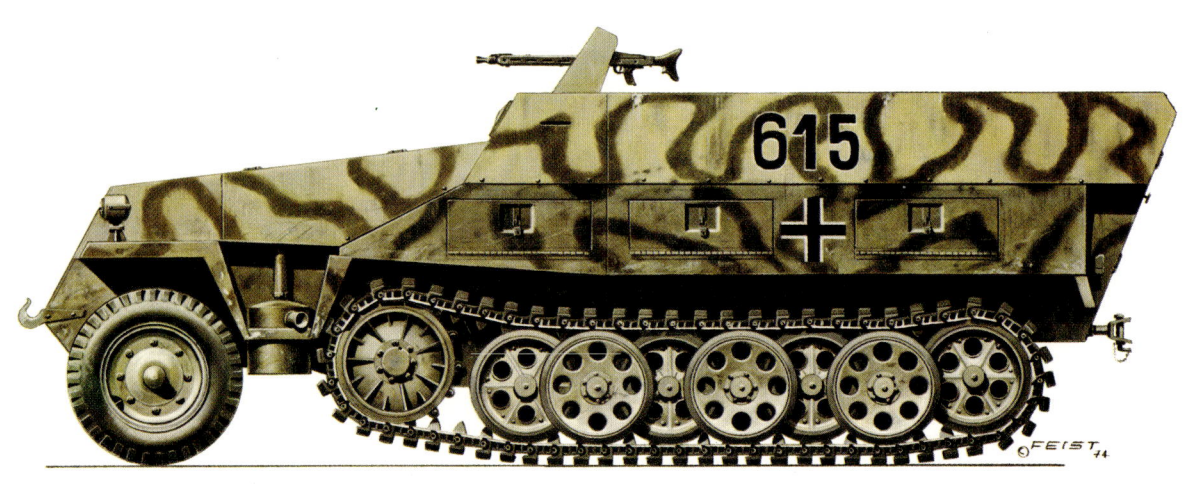

mittlerer Schützenpanzerwagen (Sd. Kfz. 251)

84

erprobt. Daimler-Benz versuchte schon damals vergebens, das Maybach-Motorenmonopol zu brechen und schlug den Einbau des DB-Achtzylinder-Motors »M 07« vor. 1934 erschien gemäß den Richtlinien des Heereswaffenamtes der Typ »DB s7«, der als »schwerer geländegängiger Zugkraftwagen (Sd. Kfz. 8) Typ 1934« bei der Truppe eingeführt wurde. Das Gewicht war auf 14,4 t angestiegen, die Nennzugleistung betrug 12 t. Das Jahr 1936 sah die Einführung einer verbesserten Ausführung dieser Zugmaschine vom Typ »DB s 8«. Sie wurde zum Zugmittel für den 21 cm Mörser, die 15 cm K. 16 und die 10,5 cm Flak bestimmt. Nach wie vor besaß sie den Maybach-»DSO 8«-Motor. Das Fahrzeug blieb bis 1938 in Produktion, zu welcher Zeit es durch einen weiteren verbesserten Typ, den »DB 9«, abgelöst wurde. Im Aussehen unverändert, kam nunmehr der Maybach-»HL 85«-Vergasermotor zum Einbau. Das Gesamtgewicht betrug jetzt bis zu 15 t; dreizehn Mann und 800 kp Nutzlast konnten befördert werden. Die Zugleistung stieg auf 14 t. Wiederholte Versuche der Daimler-Benz, dem Heereswaffenamt den Einbau des DB-»OM 48/1«-Dieselmotors vorzuschlagen, scheiterten. Im Oktober 1939 erschien die Abschlußausführung der Baureihe, der Typ »DB 10«. Äußere Kennzeichen dieses Typs war die Verwendung von Stahlblechscheibenrädern anstelle der üblichen Stahlgußspeichen. Der Stückpreis der

Noch Jahre nach Kriegsende verwendete die Tschechische Volksarmee die im Lande nachgebauten Zgkw 12 t zum Ziehen schwerer russischer Geschütze.

Fahrzeuge betrug RM 46 000,–. Gezogen wurden hauptsächlich das 15 cm K. 16 Rohrfahrzeug, das 15 cm K. 16 Lafettenfahrzeug, die 15 cm K. 16 in einlastigem Zug, die 15 cm K. 18 in ähnlicher Weise, die 10,5 cm Flak und der 21 cm Mörser. Am 22. 10. 1939 waren angeblich 12 Stück einer 8,8 cm Flak-Selbstfahrlafette auf dem 12 t Zgkw vorhanden. Die Friedrich Krupp AG in Mül-

Schwerer Zugkraftwagen 18 t (Sd. Kfz. 9)

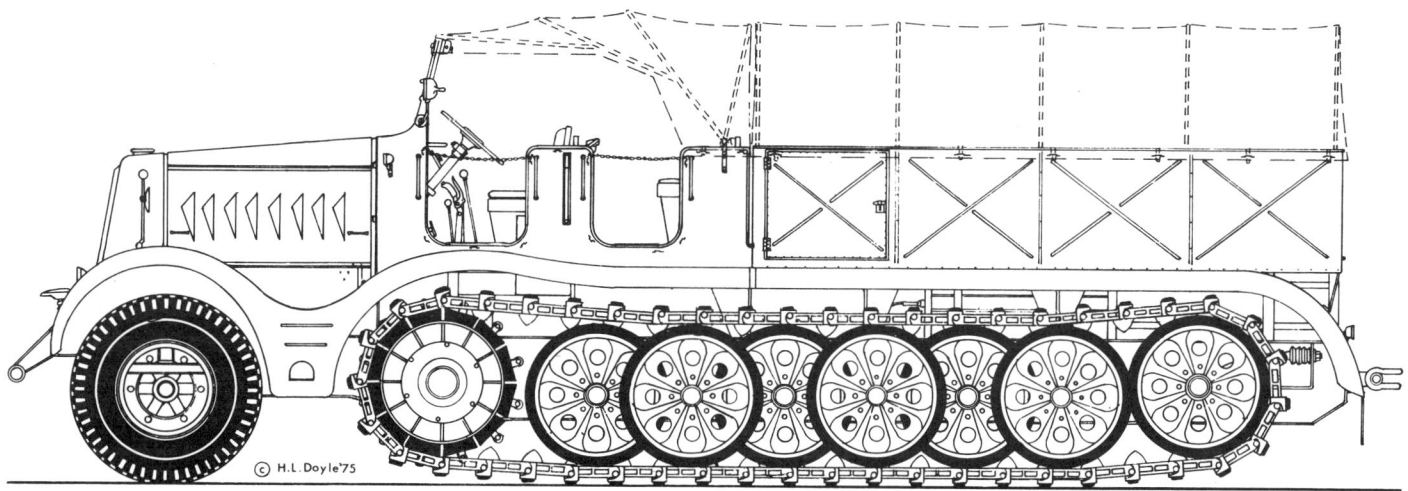

Als einzige Abart des 12 t-Zgkw wurde der Aufbau einer 8,8 cm Flak 18 bekannt (1940).

Daimler-Benz und Famo bemühten sich 1941 um den Ersatz der Zgkw 12 und 18 t. Ein Einheitsfahrzeug sollte beide Typen ablösen. Bild zeigt das Fahrzeug »HK. 1601«, welches dafür in Frage kommen sollte. Es wurden jedoch nur noch Prototypen gefertigt.

hausen/Elsaß und Verlagerungsbetriebe in der Tschechoslowakei beteiligten sich am Nachbau dieser Fahrzeuge. Die tschechische Armee verwendete diese Fahrzeuge noch in den fünfziger Jahren. Am 20. Dezember 1942 befanden sich 1615 dieser Zugmaschinen im Bestand der Deutschen Wehrmacht. Das Jahr 1943 sah die Fertigung von 507 dieser Fahrzeuge, während 1944 sogar 602 Stück gebaut wurden. Von den ca. 4000 hergestellten 12 t Fahrzeugen lieferte die Krauss-Maffei

AG zwischen 1940 und 1941 315 Einheiten.
Als Abschlußausführung der 12 t-Baureihe entstand 1941 der Typ »HK. 1601«. Er sollte die 12 t und 18 t Zugmaschinen ersetzen. Das 16,2 t schwere Fahrzeug war mit dem Maybach-»HL 116« 300 PS-Sechszylindermotor ausgerüstet. Es besaß eine Höchstgeschwindigkeit von 67,5 km/h und eine Zugleistung von 16 t. Vierunddreißig Fahrzeuge waren für eine voraussichtliche Auslieferung im Februar 1941 in Auftrag gegeben worden. Sie erhielten die Typenbezeichnung »HK. 1604«. Daimler-Benz und FAMO entwickelten die Prototypen.

18 t Halbketten-Baureihe

Den schwersten Typ im Rahmen der deutschen Zugmaschinenentwicklung stellte der von der Firma »Fahrzeug- und Motorenbau GmbH (FAMO)« in Breslau entwickelte und hergestellte »schwere Zugkraftwagen 18 t (Sd. Kfz. 9)« dar. Die Entwicklung begann 1935 und gipfelte bis 1936 in dem Typ »FM gr 1«, einer 18 t schweren Zugmaschine für ein Gesamtlastzuggewicht von 35,5 t. Das Fahrzeug war hauptsächlich zum Ziehen der 24 cm Kanone 3 bestimmt, welche von Krupp entwickelt, 1937 eingeführt wurde. Sein Preis betrug RM 75000,–. Die

924

Die von FAMO entwickelte und später auch von Vomag und Tatra hergestellte 18-t-Zugmaschine war der schwerste Typ der deutschen Zugmaschinen-Baureihe. Das Bild zeigt die Abschlußausführung »F 3« als Panzerbergefahrzeug.

Im Gelände hoben sich bei Bodenwellen die Vorderräder vollständig vom Boden ab, die Last des Fahrzeuges ruhte ausschließlich auf dem Kettenlaufwerk.

Der für Panzerbergezwecke entwickelte Aufbau nahm neben dem Bergetrupp auch noch Ersatzteile und Abschleppgeräte jeglicher Art auf.

verbesserte Ausführung »F 2«, mit dem Maybach-»HL 98« 250 PS-Motor ausgerüstet, erschien 1938 mit einem herabgesetzten Stückpreis von RM 60 000,– aufgrund höherer Produktionszahlen. Die Fahrzeuge waren als Zugmittel für Tieflader bis zu 35 t Gesamtgewicht gedacht und erhielten für diesen Zweck eine geteilte Ladepritsche für Besatzung und Nutzlast. Sie traten häufig bei Panzerbergeeinheiten auf, wo sie sehr geschätzt waren. Im Laufe des Krieges erhielten die meisten der für diesen Zweck verwendeten Fahrzeuge einen rückwärtigen Sporn, um die Zugleistung der Motorwinde zu erhöhen. Nach Einführung der schweren Panzertypen »Panther« und »Tiger« mußten bis zu drei dieser Fahrzeuge zum Bergen eines Panzers verwendet werden. Der Abschlußtyp »F 3« erschien 1939 und wurde von

Nach Einführung der Fahrzeuge »Panther« und »Tiger« reichte die Zugleistung nicht mehr aus und es mußten teilweise bis zu drei der Zgkw 18 t zum Bergen eines Fahrzeuges eingesetzt werden.

Solange vorwiegend Panzer III und IV betreut werden mußten, zogen die Fahrzeuge den Tiefladeanhänger 22 t (Sd. Anh. 116).

Um die Zugleistung der eingebauten Seilwinde zu erhöhen, brachte man an den zum Bergen von Panzerkampfwagen eingesetzten Fahrzeugen massive Sporne an. Diese hatten ein oft unterschiedliches Aussehen.

Zum Ziehen von schwerster Artillerie, z. B. der 24 cm Kanone 3, erhielten die Sd. Kfz. 9 den üblichen Artillerieaufbau, der nicht nur den Geschützbedienung Platz bot, sondern auch eine Anzahl von Bereitschaftsmunition aufnahm.

Bilder von oben nach unten: Aus der Fertigung bei Famo zeigen sich Fahrgestelle des 18-t-Zgkw in den verschiedenen Phasen des Zusammenbaus.

Hier wird der Rahmen zusammengeschweißt.

Die Drehstäbe werden mit den Kurbelarmen der Laufräder verbunden.

FAMO bis kurz vor Kriegsende in Breslau gefertigt. Die Firma Vomag Maschinenfabrik AG in Plauen/Vogtland stellte ab 1940 ebenfalls Fahrgestelle vom Typ »F 3« in Serie her. Letztlich beteiligte sich in den letzten Kriegsjahren die Firma Ringhoffer-Tatra an der Produktion dieser Fahrzeuge. Diese Zugkraftwagen hatten eine Reihe rohstoff- und fertigungsbedingter Vereinfachungen erhalten. Tatra rüstete übrigens die von ihm gebauten Fahrzeuge mit dem luftgekühlten 12-Zylinder Typ »103« Dieselmotor aus. FAMO und Vomag verwendeten nach wie vor den Maybach »HL 108« Vergasermotor. Die Zugleistung betrug noch immer 18 t.
Am 20. Dezember 1942 besaß das Heer davon 855 Stück; 1943 wurden 643 und 1944 noch 834 dieser wichtigen Fahrzeuge gebaut. Insgesamt wurden ca. 2500 18 t Einheiten gefertigt.

Das Bild zeigt das Schachtellaufwerk mit dem Antriebsrad. Das Getriebe zeigt den Abtrieb zur Seilwinde, die am rechten Bildrand zu erkennen ist.

Die Antriebsachse wird komplettiert.

Die gefederte Anhängekupplung wird installiert.

Letztlich wird der geteilte Lastaufbau aufgesetzt.

Im Zuge der Abwehrkämpfe der letzten Kriegsjahre wurden diese Fahrzeuge auch zum Ziehen schwerer Grabenpflüge eingesetzt, um notdürftig Feldstellungen auszuheben.

Der Drehkran 6 t auf dem schweren Zugkraftwagen 18 t (Sd. Kfz. 9/1). (Links oben)

Die Seitenansicht dieses Fahrzeuges mit dem von der Firma Bilstein gebauten Kran. Auch dieses Fahrzeug wurde vorwiegend bei Panzerberge-Einheiten eingesetzt. (Oben)

Für schwerere Lasten wurde ein benzin-elektrisch getriebener 10-t-Kran eingesetzt. (Mitte)

Bei dem Sd. Kfz. 9/2 mußte vor Beginn der Arbeit das Fahrgestell abgestützt werden, um den Federweg des Laufwerkes auszuschalten. (Unten)

Die Firma Weserhütte baute 1943 14 Stück dieser 8,8 cm Flak 37 (Sf) auf Zgkw 18 t. Diese Lösung hatte sich jedoch nicht bewährt.

Artillerieeinheiten verwendeten den 18 t Zugkraftwagen mit einem Mannschaftsaufbau zum Ziehen der Kanone 3, des Mörsers 1 und der 12,8 cm Flak 40. Ab 1943 diente das Fahrzeug auch zum Ziehen eines Grabenpfluges, welcher schnell Feldbefestigungen aushob. Die Firma Bilstein in Altenvoerde erhielt am 19. April 1940 den Auftrag, einen »Drehkran 6 t auf s. Zgkw. 18 t« zu schaffen. Er sollte als fahrbares Hebezeug für Panzerwerkstattkompanien verwendet werden. Das Sd. Kfz. 9/1 wurde im September 1941 eingeführt. Eine stärkere Ausführung mit einem benzin-elektrisch angetriebenen 10 t Kran wurde später in Dienst gestellt. Die Bezeichnung dieses Fahrzeuges war »Sd. Kfz. 9/2«. Eine Forderung von 1942 verlangte die Beschaffung von 112 Selbstfahrlafetten für die 8,8 cm Flak 37. Von dieser »8,8 cm Flak 37 (Sf) auf Zgkw. 18 t« wurde im Juni und Juli 1943 vierzehn Fahrzeuge tatsächlich ausgeliefert. Zuerst mußten jedoch verstärkte Drehstabfedern eingebaut werden, da das Gesamtgewicht auf 25 t angestiegen war. Die Munitionsausstattung an Bord betrug 40 Schuß. Motor und Fahrerhaus waren mit 14,5 mm Panzerung versehen. Die Montage der Fahrzeuge erfolgte in der Weserhütte in Bad Oeynhausen. Am 18. 1. 1943 wurde diese Lösung von der Luftwaffe als Flak und vom Heer als Pak als unzureichend abgelehnt. Auch innerhalb dieser Baureihe entstand 1939 ein Projekt unter der Bezeichnung »F 4«, das nur als Planungsunterlage vorhanden war. Wie beim »HK. 1601« wurde auch dafür der neue Maybach-»HL 116«-Sechszylindermotor zum Einbau vorgesehen.

Interessant ist hier noch eine Entwicklung von FAMO, welche 1942 ein »schweres Abschleppfahrzeug (V Kz 3501)« konstruierte. Das 35 t schwere Fahrzeug sollte als Zugmittel für schwerste Lasten und Abschlepparbeiten dienen. Der Maybach »HL 210« 650 PS-Motor war zum Einbau vorgesehen und gab dem Fahrzeug eine Höchstgeschwindigkeit von 35 km/h. Vier Fahrzeuge wurden mit voraussichtlicher Auslieferung im Frühjahr 1943 in Auftrag gegeben. Leider sind keine weiteren Unterlagen über diese interessante Konstruktion vorhanden.

Die sich im deutschen Raum befindlichen 1500 reparaturbedürftigen Zugkraftwagen (1 t bis 18 t) wurden in einer Gewaltaktion bis zum 15. Oktober 1944 total überholt und einsatzfertig an die Truppe abgeliefert. Am 12.

Oktober 1944 meldete Speer die Ausführung dieses Auftrages wobei durch Ausschöpfung des Reparaturbestandes und Neuüberholung zum gestellten Termin 1141 Fahrzeuge fertiggestellt waren. (1 t = 302, 3 t = 424, 5 t = 91, 8 t = 196, 12 t = 57, 18 t = 71).

HK. 100 Baureihe

Das 1939 vom Heereswaffenamt geforderte Zugmittel für besondere Lasten im Gebirge (z. B. für Granatwerfer, schwere Maschinengewehre, Feldfernkabel für Fernsprecher) beruhte auf dem DRP 717 514, Kl. 63c, Gr. 30. Der Erfinder war Dipl. Ing. Heinrich Ernst Kniepkamp aus Berlin-Charlottenburg. Dieses neue Patent brachte eine Vervollkommnung von Motorfahrzeugen mit Gleiskettenantrieb und vorderer Lauf- und Lenkradanordnung, wobei Lenkeinrichtung, Fahrersitz, Bedienungsorgane und Laufrad motorradähnlich angeordnet waren. Wesentlich war dabei, daß das einzige vordere Lauf- und Lenkrad mit seinem Aufstützpunkt auf dem Boden in einem solchen Abstand von dem vordersten Auflagepunkt der beiden Gleisketten angeordnet war, daß das Laufrad eine ausreichende Lenkfähigkeit durch genügenden Bodendruck erhielt. Die Gewichtsverteilung innerhalb des Fahrzeuges schloß eine den Fahrbetrieb hindernde Kopflastigkeit bei abgenommenem vorderen Lenkrad aus. Der Lenker wirkte auf das bekannte Doppeldifferentialgetriebe. Das ursprüngliche Patent wurde am 29. Juni 1939 erteilt, die Entwicklung des Fahrzeuges selbst von der NSU-Werke AG in Neckarsulm übernommen. Als Antriebsmotor diente der 1,5 ltr. Opel »Olympia« Motor mit 36 PS Leistung. Eine zusätzliche Lüfteranlage wurde notwendig,

Kleines Kettenkraftrad (Sd. Kfz. 2)

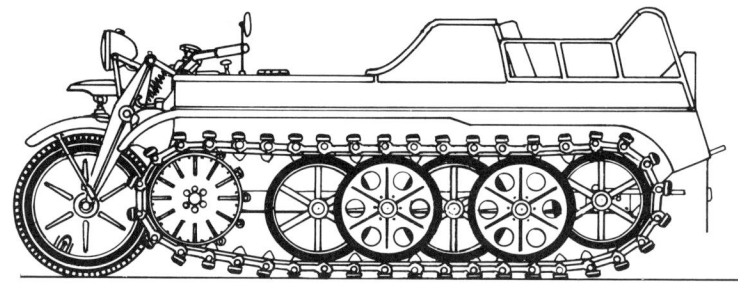

Kleines Kettenkraftrad (Sd. Kfz. 2). Hier ein Fahrzeug der O-Serie, ausgeliefert an die Luftwaffe. Besatzung aufgesessen.

da der Einbau des Motors hinter dem Fahrersitz eine Direktkühlung nicht zuließ.

Eine 0-Serie von 500 Stück, mit voraussichtlicher Auslieferung zwischen Juli 1940 bis Ende 1941, wurde bei NSU in Auftrag gegeben. Zu dieser Zeit lautete die Bezeichnung »Kettenkraftwagen, schmaler Zugkraftwagen (HK. 101) (Vs. Kfz. 620).«

Die allgemeine Heeresmitteilung Nr. 635 vom 5. Juni 1941 erwähnt die offizielle Einführung des Fahrzeuges bei der Truppe. Der kleine Kettenkraftwagen hieß nun nicht mehr Versuchs-Kfz. 620, sondern Sd. Kfz. 2.

Am 20. Dezember 1942 waren vom »Kettenkrad«, wie die Truppe das Fahrzeug bezeichnete, 1208 Stück vorhanden, die Produktion stieg 1943 auf 2450 und 1944 auf 4490 Einheiten. Die Produktionsplanung für 1945 sah monatlich fünfhundert dieser Fahrzeuge mit Einachsanhänger durch die NSU-Werke AG vor, während Stöwer in Stettin 300 Stück per Monat herstellen sollte.

Die Fertigung litt jedoch unter den üblichen Kriegsverhältnissen. Einige französische Firmen, darunter Simca, sollten in dieses Produktionsprogramm eingeschaltet werden. Die NSU-Werke AG stellte diese Fahrzeuge noch nach Kriegsende bis 1948 her und baute insgesamt 7813 Stück dieser Einheiten.

Um den Bodendruck noch weiter zu verringern, konnten Gleisketten mit Verbreiterungsplatten verwendet werden. Die Höchstgeschwindigkeit mit diesen Ketten durfte 40 km/h nicht überschreiten.

Als Abarten des kleinen Kettenkraftrades wurden bekannt: Das kleine Kettenkraftrad für Fernkabel (Sd. Kfz. 2/1) mit einem Gesamtgewicht von 1675 kp und drei Mann Besatzung. Ferner das kleine Kettenkraftrad für schweres Fernkabel (Sd. Kfz. 2/2) mit einem Gesamtgewicht von 1590 kp.

Das Fahrzeug hatte sich auch unter schwierigsten Geländeverhältnissen in Rußland gut bewährt. Es traten

Ursprünglich war das Fahrzeug als Zugmittel für besondere Lasten im Gebirge ausgelegt worden. Hier ein Zugversuch mit angehängtem 7,5 cm Gebirgsgeschütz 36.

Grundsätzlich wurde das »Kettenkrad« mit einem einachsigen Anhänger geliefert. In dieser Ausführung leistete es bei allen Truppenteilen wertvolle Versorgungsarbeiten.

Die Rückansicht des Fahrzeuges zeigt die Sitzbank für die Beifahrer.

Für Fahrten in unwegsamem Gelände konnten Ketten-Verbreiterungsplatten angelegt werden. Eine Geschwindigkeit von 40 km/h durfte damit nicht überschritten werden.

vereinzelt Achsbrüche des hinteren Leitrades sowie ein sehr starker Verschleiß der Vorderradlagerung und der Vorderradbereifung auf. Die Truppe selbst bezeichnete das Fahrzeug als besonders kriegsbrauchbar.

Teile des »Kettenkrades« bildeten die Grundlage für den mittleren Ladungsträger »Springer« (Sd. Kfz. 304), von dem die NSU-Werke AG von 1944 bis Kriegsende insgesamt 50 Einheiten baute.

Ein Aktenvermerk vom 16. August 1941 erklärte, daß nach Auskunft des Heereswaffenamtes außer dem kleinen Kettenkraftwagen vorläufig kein anderer Wagen

Das kleine Kettenkraftrad für Feldfernkabel (Sd. Kfz. 2/1).

Das kleine Kettenkraftrad für schweres Feldkabel (Sd. Kfz. 2/2).

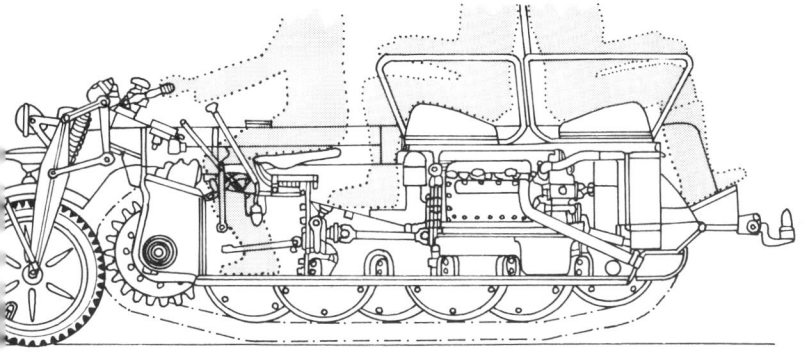

Von einem größeren »Kettenkrad«, dem Modell »HK 102« existieren lediglich diese Zeichnungen. Offensichtlich war das Fahrzeug für die Beförderung von 5 Mann ausgelegt.

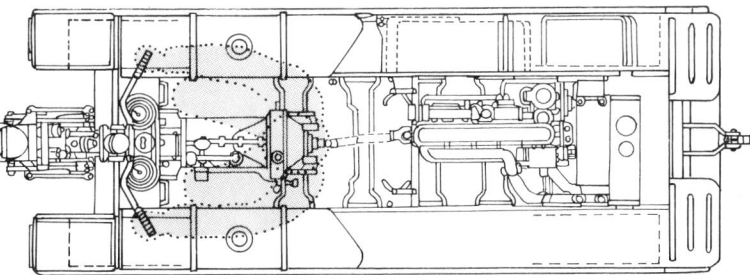

Skizze F. Gruber

Während des Krieges fanden auch Versuche statt, die Geländegängigkeit des Volkswagen Kübelsitzers Typ »82« durch den Anbau von hinteren Kettenlaufwerken zu erhöhen. Diese unter der Typenbezeichnung »155« laufenden Versuche schufen eine Mehrzahl von Laufwerksanordnungen, die sich aber letztlich doch nicht bewährten.

dieser Konstruktionsart vorhanden war. Es befand sich jedoch ein Kraftwagen für sieben Mann nach der Bauart des kleinen Kraftwagens in der Entwicklung. Zu dieser Zeit gab es jedoch nur ein Versuchsexemplar des sogenannten großen Kettenkraftrades. Das Fahrzeug führte die Bezeichnung »HK. 102«. Mit einem 2 ltr. Stump-»K 20« 65 PS-Motor ausgerüstet, besaß es ein Gesamtgewicht von 2250 kp. Mit dem Abschluß der Entwicklung war zu dieser Zeit nicht vor dem Ablauf von zwei Jahren zu rechnen. Das Fahrzeug ging nicht in Serie.

Der Porsche »Volksschlepper«, Typ 113 sollte auch als Halbkettenfahrzeug ausgelegt werden. Für militärische Zwecke konnte er auch mit einer Mannschaftspritsche verwendet werden. Das Fahrzeug wurde nicht gebaut.

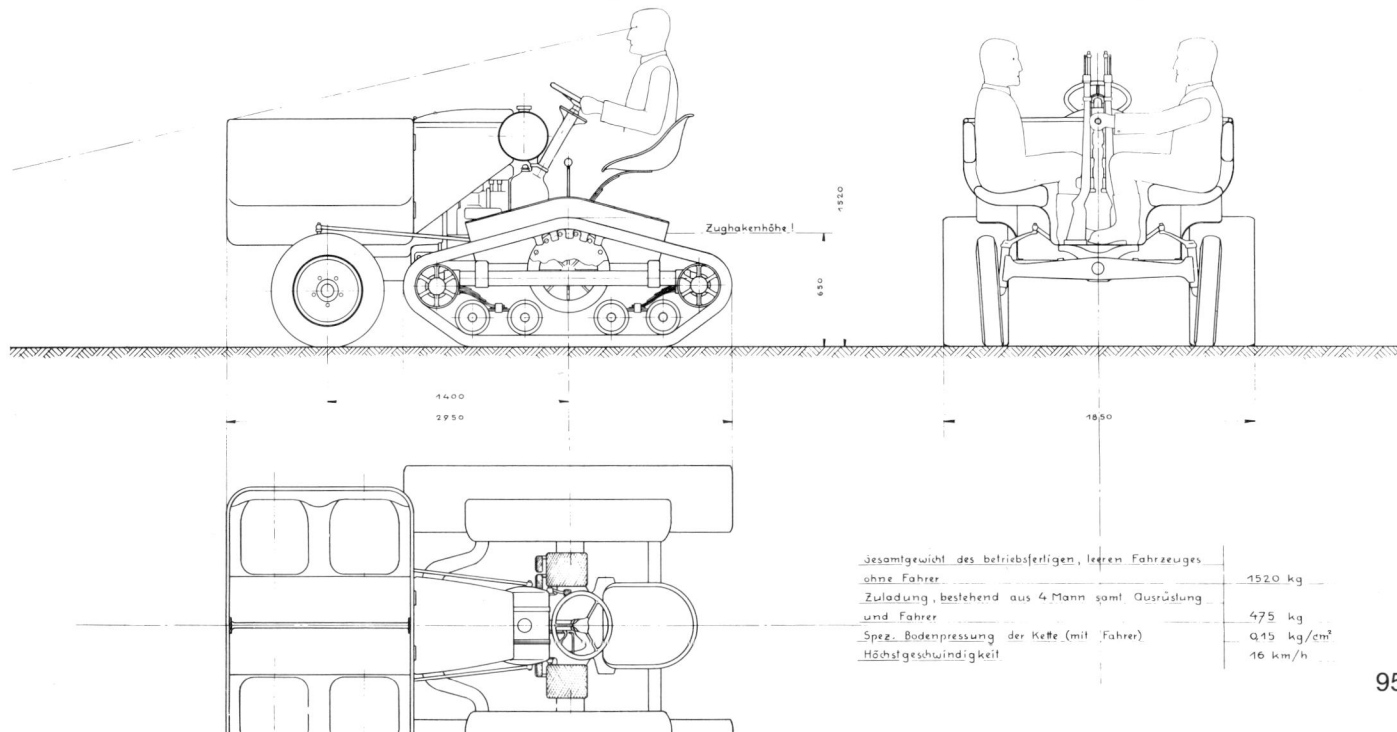

Gesamtgewicht des betriebsfertigen, leeren Fahrzeuges ohne Fahrer	1520 kg
Zuladung, bestehend aus 4 Mann samt Ausrüstung und Fahrer	475 kg
Spez. Bodenpressung der Kette (mit Fahrer)	0,15 kg/cm²
Höchstgeschwindigkeit	16 km/h

Der Vollständigkeit halber sei hier noch eine Entwicklung der Dr. Ing. h. c. F. Porsche KG erwähnt, welche 1943 durch Umbau eines VW-Kübelwagens ein Halbkettenfahrzeug schuf. Unter der Typenbezeichnung »155« entstanden mehrere Prototypen, die an Stelle der Hinterräder ein mit Blatt- und Kegelstumpffedern abge-

Das Fahrzeug diente zur Versorgung beim Panzerwagen-Baon des österreichischen Bundesheeres. Bild zeigt den Prototyp im Gelände.

Als Einzelexemplar gab es den Typ »AFRS« als Artillerie-Zugmaschine.

Der aus der französischen Beute von 1940 stammende schwere Artillerie-Schlepper der Firma SOMUA vom Typ »MCL«. Sie fielen zusammen mit dem etwas kleineren Typ »MCG« in größeren Stückzahlen in deutsche Hände.

Der kleine UNIC Typ »TU 1« gelangte ebenfalls in größeren Stückzahlen zur deutschen Armee.

Das Fahrzeug nach Übernahme durch die deutsche Wehrmacht als Zugmittel für die leichte 3,7 cm Pak. Stellvertretend für die zahlreichen Umbauten französischer Halbkettenfahrzeuge gilt dieses gepanzerte Fahrzeug als Selbstfahrlafette für die 7,5 cm Pak 40 L/46.

Das von Steyr-Daimler-Puch für das österreichische Heer entwickelte Räder-Raupenfahrzeug »ADMK«. Bild zeigt das Vorserienfahrzeug bei Räderbetrieb.

Das gleiche Fahrzeug bei der Verwendung als Vollkettenfahrzeug. Bezeichnend für diese Ausführung sind Laufräder größeren Durchmessers.

stütztes Kettenlaufwerk aufwiesen. Zu eine Serienproduktion ist es auch hier nicht gekommen.

Nach der Besetzung Österreichs im Jahre 1938 übernahmen die deutschen Streitkräfte die gesamte militärische Ausrüstung dieses Landes.

An Halbkettenfahrzeugen wurden neben vereinzelten Citroen-Kegresse und Maffei Versuchsfahrzeugen sieben Stück des Halbkettenfahrzeuges »AFR« der Österreichischen Automobil-Fabriks AG vorgefunden, sie dienten ursprünglich beim Panzerwagen-Baon zur Fortbringung von Materialien jeglicher Art und zur Versorgung der Kampfwagen auch im Gelände. Einer der Prototypen vom Typ »AFRS« war als Artillerie-Zugmaschine ausgelegt. Die Fahrzeuge waren Ende 1936 bestellt und 1937 ausgeliefert worden. Sie wurden von der deutschen Wehrmacht aufgebraucht.

Aus der französischen Beute wurden 1940 eine größere Anzahl brauchbarer Halbkettenfahrzeuge von der deutschen Wehrmacht übernommen. So kamen u. a. die leichten Zugkraftwagen »TU 1« (Kennummer Zgkw. U 305 (f) und »P 107« (Kennummer Zgkw. U 305 (f) der Firma UNIC-Georges Richards aus Puteaux/Seine als Zugmittel für leichte Infanterie-Unterstützungswaffen zum Einsatz.

Die von der Firma SOMUA in Saint-Quen hergestellten älteren Typen »MCG« (Kennummer Zgkw. S 307 (f) und »MCL 6« (Kennummer Zgkw. S 303 (f) wurden weiterhin als Artilleriezugmittel eingesetzt. Eine Anzahl dieser Fahrzeuge wurden 1943 bis 1944 mit behelfsmäßigen gepanzerten Aufbauten versehen und dienten als Selbstfahrlafetten, Schützenpanzerwagen und Versorgungsfahrzeuge.

Räder-Kettenfahrzeuge

Die Steyr-Daimler-Puch AG, der größte Motorfahrzeughersteller Österreichs, war durch eine Reihe bemerkenswerter Spezial-Militärfahrzeuge bekannt geworden. Unter anderem hatte sie den »M 36 geländegängigen 0,6/1 t Zugwagen« entwickelt, der unter der Typenbezeichnung »ADMK« lief. Dieser Kleinzugwagen mit luftgekühltem Motor war für alle Aufgaben verwendbar, bei denen gewöhnliche Straßengeschwindigkeiten mit größtmöglicher Geländegängigkeit gefordert wurden. Hierzu besaß der Typ »ADMK« ein Räder- und ein Ket-

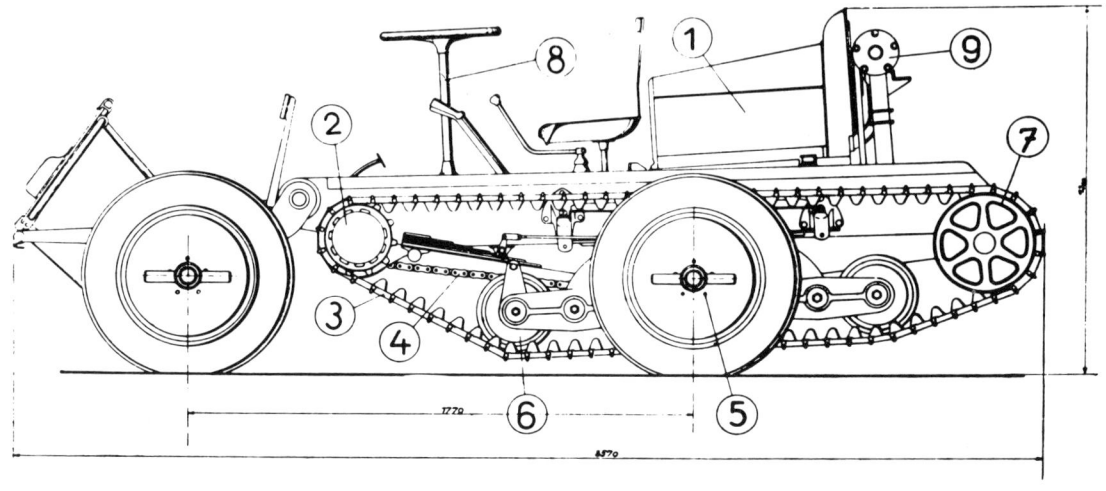

Das Serienfahrzeug des Typ »ADMK« zeichnete sich durch Laufräder kleineren Durchmessers aus. Die Einzelheiten des Fahrgestelles sind in dieser Skizze gut zu erkennen.

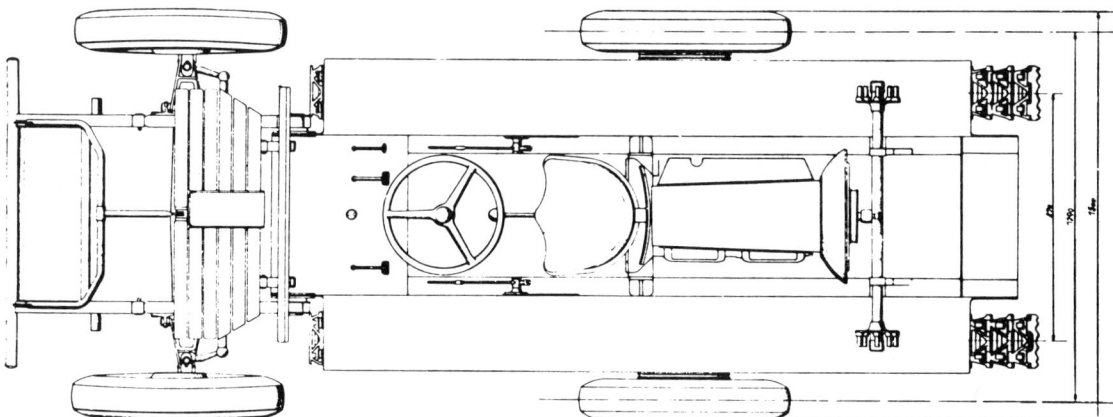

Fahrgestell
1 Motor
2 Treibachse
3 Raupenkette
4 Antriebskette für Räderfahrt
5 angetriebenes Rad
6 Raupentragrollen
7 Raupenketten-Spannrolle
8 Lenkung
9 Radhalter

Das Fahrzeug »ADMK« auf Rädern und als Halbkettenfahrzeug.

Das Fahrzeug »ADMK« als Vollkettenfahrzeug, die Umstellung des Laufwerkes erfolgte durch Umstecken der Räder.

tenlaufwerk. Der Übergang von Räder- auf Kettenfahrt erfolgte durch Abnehmen der mit einem einfachen Zentralverschluß befestigten Räder, die bei Kettenfahrt auf den Radhaltern am Fahrzeug untergebracht wurden.

Mit diesem Fahrzeug waren vier verschiedene Fahrarten möglich, und zwar:
1. als Radfahrzeug,
2. als Vollkettenfahrzeug,
3. als Halbkettenfahrzeug,
4. bei Räderfahrt in einer Weise, daß auch der Antrieb der Gleisketten eingeschaltet wurde, um das Überwinden schwieriger Stellen auf weichem Boden oder im Schnee mit zusätzlicher Kettenhilfe zu ermöglichen.

Tiefe Schwerpunktlage, schmale Kettenspur und große Wendigkeit befähigten diesen Zugwagen besonders für die Verwendung im Gebirge. Beim Übergang von Räder- auf Kettenfahrt wurde die Wendigkeit überdies noch dadurch erhöht, daß durch Hochklappen des Vorderachsgestelles die Fahrzeuglänge um nahezu 1 m verkürzt wurde, was insbesonders das Durchfahren weglosen Waldes erleichterte.

Für die Verwendung in schneereichem oder stark sumpfigem Gelände connen die Gleisketten durch zusätzliche Blechglieder auf 340 mm verbreitert werden.

Der »M 36 geländegängige 0,6/1 t Zugwagen« war für die Beförderung von drei Mann Besatzung gedacht.

Von der deutschen Wehrmacht wurde für das Fahrzeug »ADMK« ein neuer Aufbau entwickelt, der hier als Rad- und Kettenfahrzeug zu sehen ist.

Bei einem anderen Prototyp wurde der Aufbau etwas verändert und die Scheinwerfer nunmehr an der Stirnseite angebracht. Auch wurden Versuche mit breiteren und schneegängigeren Ketten unternommen.

Als MG-Träger konnten außer der Besatzung ein schweres Maschinengewehr mit 6000 Schuß und der dazugehörigen Ausrüstung verlastet werden. Beim Zug von Infanterie- oder Gebirgsgeschützen oder von Granatwerfern auf Anhängerkarren wurden außer der obigen Besatzung Munitionsmengen im Höchstgewicht von 300 kp aufgeladen. Darüber hinaus vermochte er eine rollende Anhängerlast bis zu 1000 kp Gesamtgewicht zu ziehen.

Die große Zugkraft dieses geländegängigen Zugwagens ermöglichte auch seine Verwendung im Straßen- und Eisenbahnbau sowie im Flugplatzdienst.

Zwischen 1935 bis 1938 wurden insgesamt 334 dieser Motor-Karretten gebaut.

Als Artillerie-Zugmaschine und Fahrgestell für einen leichten Panzer entwickelte die Steyr-Daimler-Puch AG in Einzelexemplaren den Typ »ADAT«. Unsere Bilder zeigen dieses Fahrzeug als Rad- bzw. Kettenfahrzeug.

Die noch bei Austro-Daimler in Wiener-Neustadt gefertigte Vorserie dieser Fahrzeuge hatte im Gegensatz zum Produktionsmodell Laufrollen größeren Durchmessers.

Während des Krieges wurden diese Fahrzeuge in nördlichen Frontbereichen eingesetzt, vorher aber für diese Verwendung mit neuen Aufbauten versehen. Dabei ergaben sich rundum geschlossene, mit Türen versehene Aufbauten, die das Gewicht des marschfertigen Fahrzeuges auf 1730 kp erhöhten. Die Nutzlast betrug 500 kp. Die Fahrzeugbezeichnung lautete nunmehr »ADMK/WARK«. Einige der »Motor-Karretten« erhielten Lastaufbauten.

1937 entstand bei Steyr-Daimler-Puch ein Versuchsmuster eines etwas größeren Räder-Kettenfahrzeuges, vom Typ »ADAT«. Das Fahrzeug war als leichte Artilleriezugmaschine vorgesehen und hatte den Sechszylindermotor »M 640« mit 80 PS Leistung eingebaut. Die Nutzlast betrug 1600 kp. Das Fahrzeug entstand im Rahmen der Versuche für eine leichten Artilleriezugwagen und für ein leichtes Kampfwagen-Fahrgestell. Das Kriegstechnische Amt des BM f LV. hatte mit Erlaß 78, 200-PV/36 ein Wertungsfahren für Artilleriezugwagen ausgearbeitet und dazu die Firmen Steyr-Daimler-Puch AG, Saurer, Fiat und Gräf & Stift eingeladen. Die im Januar 1937 durchgeführte Wertungsprüfung ergab eindeutig die Überlegenheit der Vollketten- bzw. Räder-Kettenfahrzeuge gegenüber auch allradgetriebenen Radfahrzeugen als Zugwagen für leichte Artillerie. Aufgrund der Ergebnisse wurden 160 der später noch zu beschreibenden Saurer »RR 7« Fahrzeuge in Auftrag gegeben. Die weiteren Versuche für ein leichte Kampfwagen-Fahrgestell wurden durch die Ereignisse im März 1938 abgebrochen. Da Steyr ursprünglich an diesen Wertungsfahrten mit einem vierradgetriebenen Sechsradfahrzeug vom Typ »ADGR« teilgenommen hatte, wurde beschleunigt das Fahrzeug »ADAT« in Angriff genommen. Tatsächlich wurde jedoch nur ein Fahrzeug gebaut.

Am 31. Mai 1939 erteilte der Generalbevollmächtigte für das Kraftfahrwesen der Firma Steyr einen Anschlußauftrag über ein leichtes Räder-Kettenfahrzeug für die Verwendung bei der Gebirgstruppe zum Zug der leichten Infanteriegeschütze und Panzerabwehrkanonen und zum Munitionstransport. Das Fahrzeug sollte auch

Letztlich bestellte die deutsche Wehrmacht noch den verbesserten Typ »M/K«, von dem jedoch nur noch Prototypen gefertigt wurden. Das Fahrzeug war gegenüber seinem Vorgänger vergrößert und mit einem stärkeren Motor ausgerüstet.

◀ Das Bild zeigt das Fahrzeug »M/K« bei der Verwendung als Vollkettenfahrzeug im Schnee.

Die ungepanzerte Ausführung des Fahrzeuges »RR 7« lief als »Instandsetzungskraftwagen« mit einer Nutzlast von 1,5 t.

Von der deutschen Wehrmacht wurden 140 Stück dieser Fahrzeuge beschafft, die unter der Bezeichnung »mittlerer gepanzerter Beobachtungskraftwagen« (Sd. Kfz. 254) deutschen Einheiten zugeteilt wurden.

An der Ausschreibung für die leichte Artillerie-Zugmaschine war auch die Österreichische Saurer Werke beteiligt, die das Räder-Raupenfahrzeug »RR 7« vorstellte.

Als Abschlußausführung der Entwicklung von Räder-Raupenfahrzeugen erschien 1941/42 der Prototyp des Fahrzeuges »RK 9«, einem gepanzerten Aufklärungsfahrzeug. Das Fahrzeug ging nicht mehr in Serienproduktion.

bei den Luftlandetruppen verwendet werden. Mit einem Gesamtgewicht von 1,6 t und angetrieben von einem luftgekühlten 45 PS-Vierzylindermotor sollten Radgeschwindigkeiten von 70 km/h erreicht werden. Die erste Ausführung dieses »leichten Räder-Kettenfahrzeuges Typ M/K« entsprach nicht den Anforderungen, und ein zweites Versuchsstück war mit voraussichtlicher Auslieferung im Frühjahr 1942 im Bau. Das Fahrzeug stellte in Bezug auf Motorleistung, Verbrauch, Lenkung und Gestaltung des Aufbaues eine Weiterentwicklung des Typs »ADMK« unter gleichzeitiger Nutzbarmachung der bei den Winterversuchen in schwierigem Schnee-

und Eisgelände gemachten Erfahrungen dar. Die Entwicklung wurde nicht abgeschlossen.

Ein schwereres Fahrzeug dieser Art war der Typ »RR 7« der österreichischen Saurerwerke AG, welcher als »mittlerer gepanzerter Beobachtungskraftwagen (Sd. Kfz. 254)« für die Wehrmacht gefertigt wurde. Die Versuche mit diesen Fahrzeugen gingen auf das Jahr 1935 zurück. Damals schufen die Saurerwerke den Typ »RR«, einen Räder-Raupenzugwagen, bei dem die Umstellung von Rädern auf Raupen auch während langsamer Fahrt erfolgen konnte. Fünfzehn Stück wurden im Januar 1937 nach einer Wertungsprüfung in Auftrag gegeben. Ein Anschlußauftrag schuf eine einmalige Serie von 140 Stück, deren Fertigung im November 1940 auslief. Eine ungepanzerte Ausführung des Fahrzeuges diente als »Instandsetzungskraftwagen« mit einer Nutzlast von 1,5 t. Ein verbesserter Typ »RK 9« stand in den Jahren 1940/41 in Erprobung. Sie waren jedoch zu kompliziert und wurden nicht weiterentwickelt.

Die Halbketten-Zugmaschinen der Deutschen Wehrmacht stellten einen Höhepunkt in der Entwicklung hochwertiger Militärfahrzeuge dar. Ausgelegt für eine Verwendung in Westeuropa und gebaut mit typisch deutscher Gründlichkeit, konnten sie später nur noch eine Belastung der Produktion und der Unterhaltung bedeuten. Sie waren jedoch eines der markantesten Erzeugnisse der deutschen Heeresmotorisierung.

C. Gepanzerte Halbkettenfahrzeuge 1919 – 1945

Da die Entwicklung von gepanzerten Fahrzeugen durch das Versailler Diktat grundsätzlich verboten war, erstreckten sich vorerst alle Bemühungen zu dieser Zeit mit der Grundlagenforschung über gepanzerte Vollkettenfahrzeuge. Das Halbkettenfahrzeug wurde zu dieser Zeit vernachlässigt, die Entwicklung von Räder-Raupenfahrzeugen jedoch gefördert. Grundsätzlich konnte man sich nicht über die Verwendung von Panzerfahrzeugen in zukünftigen Kriegen einigen, da niemand wirklich ausreichende Erfahrungen sammeln konnte. Es blieb militärischen Führern wie Guderian, Fuller und de Gaulle vorbehalten, hier zukunftsweisende Gedanken zu schaffen.

Die Entwicklung von Halbkettenfahrzeugen zu jener Zeit beschreibt Fritz Heigl wie folgt: »Die Vereinigung von Raupenlaufwerk und lenkbaren Vorderrädern vermindert die Geschwindigkeit, ohne die Geländegängigkeit auf die volle Güte von Raupenfahrzeugen zu steigern. Der kriegswirtschaftliche Vorteil der Fahrzeuge liegt in der Verwendung handelsüblicher Fahrgestelle. Gepanzerten Fahrzeugen dieser Art mangelt die bezwingende Überlegenheit der reinen Raupenfahrzeuge im Gelände und die hohe Geschwindigkeit von Panzerkraftwagen auf Straßen.«

Während späterer Jahre erwiesen sich diese Argumente nicht mehr als ganz stichhaltig, da zusätzliche Erfahrungen und die Verwendung besserer Werkstoffe auch hier neue Wege wiesen. Vor allem war es der Entwurf heereseigener Spezialfahrzeuge, der auch hier hochwertige Modelle schuf.

Halbkettenfahrzeuge neuerer Bauart hatten vor allem dort einen großen Verwendungsbereich, wo ein gut ausgebautes Straßennetz vorhanden war. Gute Straßengängigkeit, ausreichende Geländefähigkeit und hohe Zugleistung ließen sich bei dieser Bauart zufriedenstellend vereinigen. Vor allem bei der französischen Armee waren gepanzerte und ungepanzerte Halbkettenfahrzeuge weit verbreitet. In der Heeresmotorisierung jener Tage wurde jedoch der Kampfpanzer nach wie vor vordringlich behandelt. Die Motorisierung anderer Truppenteile erfolgte aufgrund der hohen Investitionen nur zögernd.

Der Auffassung Liddell Hart's, daß »vollmotorisierte Streitkräfte zu einer Leistung fähig sein müssen, die der jener vollbeweglichen mongolischen Truppen vergleichbar ist«, schlossen sich die Schöpfer der neuen Panzertruppe mit Nachdruck an. Hier wiederum war es die geringe deutsche Industriekapazität, die die Motorisierung des Deutschen Heeres einschränkte. Nach dem Vorbild Englands und Frankreichs verlastete man zuerst theoretisch und später in begrenztem Rahmen auch praktisch Begleitinfanterie auf handelsüblichen Radfahrzeugen. Zu dieser Zeit wurde erstmals die Forderung nach Panzerung dieser Fahrzeuge erhoben.

Bereits 1934 wurde Rheinmetall aufgefordert, in Zusammenarbeit mit Büssing-NAG die »7,5 cm Selbstfahrlafette L/40,8« in erster Ausführung zu schaffen. Bild zeigt die Seitenansicht des Fahrzeuges mit der Kanone im Drehturm.

Die Vorderseite des Fahrzeuges mit Turmstellung 9 Uhr. Die Vorderachse durch eine querliegende Blattfeder abgestützt.

Die Rückansicht zeigt die gute ballistische Auslegung des Panzerkastens sowie die Zugangsmöglichkeiten zum Motorraum.

Eines dieser Fahrgestelle wurde gegen Ende des Krieges mit einem gepanzerten Aufbau anderer Auslegung versehen und diente als Feuerleitfahrzeug für eine »V 2« Raketen-Einheit. Bild zeigt die Anschlußmöglichkeiten am Fahrzeug zum Feuern der Raketen.

Die hölzerne Attrappe des dritten Prototyps der »7,5 cm Selbstfahrlafette« mit niedrigerem Aufbau, unterschiedlichem Laufwerk und Turmauslegung.

Der Prototyp zeigt die günstige Form des Panzerkastens und die gelungene Unterbringung der Hauptbewaffnung, welche in ihrer Leistung ihrer Zeit weit voraus war.

Die Vorderansicht des Fahrzeuges unterstreicht den niedrigen Gesamtaufzug dieser Entwicklung.

Einzelheiten des Fahrgestelles sowie die vorderen Einstiegöffnungen sind in diesem Bild gut zu erkennen. Büssing-NAG Bezeichnung des Fahrgestelles »BN 10 H«.

Eine Verwirklichung dieser Forderung ließ jedoch noch Jahre auf sich warten.

In der Zwischenzeit hatte das Heereswaffenamt wie bereits geschildert, eine Reihe hochwertiger Halbketten-zugmaschinen entwickeln lassen, welche in sechs Grundausführungen in größeren Stückzahlen an die Truppe ausgeliefert wurden. Im Rahmen dieser Produktion ergaben sich einige Sonderentwicklungen für Panzerfahrzeuge, auf welche nun näher eingegangen werden soll. Bereits 1934 hatte die Firma Rheinmetall in Zusammenarbeit mit der Büssing-NAG den Auftrag bekommen, ein gepanzertes Angriffsfahrzeug zu schaffen. Von dieser »7,5 cm Selbstfahrlafette L/40,8 (Modell 1)« wurden drei Versuchsausführungen geschaffen, die in bezug auf Feuerhöhe, Länge und Breite verschieden waren. Aufbaumäßig hatten die Fahrzeuge eine Panzerstärke von 20 mm für Seite und Bug, während Decke und Boden durch 8 mm Platten geschützt waren. Bei vier Mann Besatzung und einem Gesamtgewicht von 6000 kp betrug die Höchstgeschwindigkeit 60 km/h. Bewaffnungsmäßig kam eine 7,5 cm Kanone mit einer V^0 von 685 m/sek zum Einbau. Das Höhenrichtfeld betrug -9 bis +20°, seitlich war der Turm 360° zu bewegen. Als Fahrgestell stellte die Büssing-NAG in Berlin-Ober-schöneweide die Typen »BN 10 H« (Fahrgestell Nr. 2006 bis 2008) und eine Ausführung Typ »BN 11 V« (Fahrgestell Nr. 2005) zur Verfügung. Davon war der Typ »BN 10 H« mit Heckmotor ausgerüstet. Diese Fahrgestelle waren Abarten der in Großserie gebauten 5 t Zugkraftwagen, für deren Entwicklung Büssing-NAG verantwortlich war. Das zweite Modell der »7,5 cm Selbstfahrlafette L/40,8« wurde 1936 vom O. K. H. in Auftrag gegeben. Rheinmetall fertigte dafür zwei Waffen mit Lafetten, während Büssing-NAG wiederum Fahrzeug und Panzerung bereitstellte. Am 23. 3. 1936 hatte Büssing-NAG diesen Auftrag angenommen, dessen offizielle Bezeichnung »Pz. Sfl. III auf Fahrgestell m. Zgkw. 5 t (HKp 902) lautete. Wiederum mit Heckmotor ausgerüstet, wurden von diesem Fahrgestell vier Stück gebaut. (Fahrgestell Nr. 2009 bis 2012). Bei einem Gesamtge-

Ein Fahrzeug der Abschlußausführung »HKp 902« wurde in Nordafrika eingesetzt und dort zerstört. Die Bezeichnung lautete »Panzer-Selbstfahrlafette III auf Fahrgestell mittlerer Zugkraftwagen 5t«.

Bildfolge von oben nach unten: Das für den Aufbau von gepanzerten Gehäusen vorgesehene Fahrgestell »HL kl 3 (H)« der Firma Hansa-Lloyd-Goliath.

1935 wurde eines dieser Fahrgestelle mit dem Aufbau eines Panzerjäger-Fahrzeuges versehen. Im Drehturm untergebracht waren eine 3,7 cm Pak L/70 sowie zwei MG 34.

Die Vorderansicht zeigt die geschoßabweisende Gestaltung des Panzerkastens, das MG 34 in Kugelblende sowie das auf dem Turmdach angebrachte MG zur Fliegerbekämpfung.

Einzelheiten des oben offenen Drehturmes mit dem Drehkranz für das Flugabwehr-MG.

wicht von 11 t betrug die Panzerstärke zwischen 6 – 20 mm. Angetrieben wurde das Fahrzeug durch einen Maybach »HL 45« 150 PS-Motor. Die Höchstgeschwindigkeit betrug 50 km/h. Vier Mann Besatzung waren vorgesehen. Zwei der Fahrgestelle wurden mit Panzeraufbauten versehen und während des Krieges in Libyen eingesetzt. Eines der Fahrgestelle tauchte gegen Ende des Krieges als gepanzertes Feuerleitfahrzeug für V 2 Raketen auf. Die Flak 4 Abteilung verlangte 1941 einen ähnlichen Typ als »Sfl. 5 cm Flak 41«. Die Büssing-NAG Typenbezeichnung für dieses Fahrzeug lautete »HKp 903«. Nur eines dieser Fahrgestelle wurde gebaut (Fahrgestell Nr. 2013). Verlangt war ein geländegängiges Halbkettenfahrzeug als Geschützträger mit hoher Straßengeschwindigkeit. Mit 6 mm Panzerung hatte das Fahrzeug ein Gesamtgewicht von 12, 5 t. Eine 8 Mann Besatzung war vorgesehen. Büssing stellte weiterhin noch Prototypen des Fahrzeuges »HKp 901« her, von dem zwei Stück gebaut wurden. (Fahrgestell Nr. 2014 und 2015).

Normalfahrgestelle der 5 t Zugmaschine wurden mit Auftrag des Waffenamtes vom 14. 8. 1941 in Panzerjäger-Selbstfahrlafetten umgebaut. Die Altmärkische Kettenfabrik schuf dafür oben offene Panzergehäuse. Der Fahrersitz blieb ungeschützt. Neun Fahrzeuge einer ersten Behelfsform mit einem Gesamtgewicht von 10, 5 t wurden fertiggestellt. Mit einer russischen 7,62

cm Pak ausgerüstet und 5 Mann Besatzung, wurden einige dieser Fahrzeuge in Libyen truppenerprobt. Ihre Bezeichnung lautete »Diana«.

Im Rahmen der 3 t Zugkraftwagen Entwicklung, für welche die Firma Hansa-Lloyd-Goliath verantwortlich zeichnete, erschienen ab 1935 auch Heckmotorfahrgestelle für gepanzerte Aufbauten. Durch Auftrag des O. K. H schuf die Firma Rheinmetall eine »3,7 cm Selbstfahrlafette L/70«, welche als Panzerjäger Verwendung finden sollte. Unter Verwendung des »HL kl 3 (H)« Fahrgestelles entstand ein Halbkettenfahrzeug mit 3,7 cm Geschütz und 2 leichten MG. Die Panzerung war am Rahmen abgestützt. Der drehbare Turm wurde von der Geschützlafette getragen. Zur Bekämpfung von Luftzielen war auf dem Turm ein Drehring mit Bügel für das zweite MG angebracht. Die 3,7 cm Kanone hatte eine V^0 von 900 m/sek, ein Höhenrichtfeld von -7^0 bis $+ 20^0$ und ein Seitenrichtfeld von 360^0. Das Gesamtgewicht des Fahrzeuges betrug 6000 kp. Das Fahrzeug wurde in der Truppe nicht eingeführt, nur ein Versuchsstück wurde gebaut.

Eine verbesserte Ausführung des Fahrgestelles erschien 1936 als Typ »Hl kl 4 (H)«. Das Fahrzeug hatte einen im Heck eingebauten Sechszylindermotor und war für ein Gesamtgewicht von 6500 kp ausgelegt. Das Schachtellaufwerk mit geschmierter Kette war gegenüber den Zugmaschinentypen um eine Laufrolle verlängert. Als Besatzung waren 5 Mann vorgesehen. Die Außenmaße des Fahrgestelles betrugen 5200 x 2000 x 1090 mm. Die Panzerung sah Stärken von 20 mm vorne und 11 mm seitlich vor. Den Abschluß dieser Entwicklung von Halbketten-Panzerfahrzeugen mit Heckmotor bildete der Typ »H 8 (H)« der Firma Hanomag. Ursprünglich war bei diesem 1938 entstandenen Fahrzeug ein

Maybach »HL 49 TRWS« 120 PS Sechszylindermotor eingebaut, der später durch den 115 PS »HL 54« ersetzt wurde. Ein Variorex Getriebe wurde verwendet, das Gesamtgewicht betrug ca. 8 Tonnen. Lediglich Prototypen wurden gebaut.

Panzerungen für Halbketten-Zugmaschinen erschienen während des Krieges in zahlreichen Abarten. Vor allem die als Selbstfahrlafetten verwendeten Fahrzeuge erhielten Panzerplatten zum Schutze von lebenswichtigen Teilen und der Fahrerkabinen. Selbst als Zugmittel für die Geschütze der Heeresflak wurden gepanzerte Ausführungen bekannt. Bei der Ausführung mit gepanzerten Aufbauten wurde jedoch die Nutzlast beachtlich geschmälert, da die Fahrzeuge ja hauptsächlich als Zugmittel und nicht als Lastträger entwickelt waren. Dieser Nachteil stellte sich besonders bei den sogenannten gepanzerten Kraftwagen heraus, die als Grundfahrzeuge der späteren Schützenpanzer dienten. Auch im Rahmen der »Maultier« Entwicklung, welche handelsübliche 3 t und 4,5 t Lastkraftwagen in Halbkettenfahrzeuge umwandelte, ergaben sich gepanzerte Ausführungen. 300 Fahrgestelle der Firma Opel wurden mit leichten Panzeraufbauten versehen und erhielten als Bewaffnung den 15 cm Nebelwerfer 43 mit 360^0 Schwenkbereich. Eingeführt wurden die als »15 cm Panzerwerfer 43 (Sd. Kfz. 4/1)« bezeichneten Fahrzeuge offiziell im Mai 1944. Das Gefechtsgewicht betrug 7,1 t. Bei drei Mann Besatzung und 20 Schuß Bordmunition betrug die Panzerung 8 mm. Zusätzlich waren bis September 1943 weitere 300 dieser Fahrzeuge als Munitionsträger bestellt.

Zu erwähnen ist fernerhin die auf Hitlers Anregungen erfolgte Entwicklung stark vereinfachter Zugmaschinen. Die daraus entstandenen leichten und schweren »Wehrmachtsschlepper« hatten bereits im Grundentwurf Panzerschutz für Motor und Fahrerhaus vorgesehen. Lediglich bei der schweren Ausführung gab es einen ungepanzerten Zugkraftwagen.

In der 8 t Zugmaschinenklasse ergab sich durch Auftrag

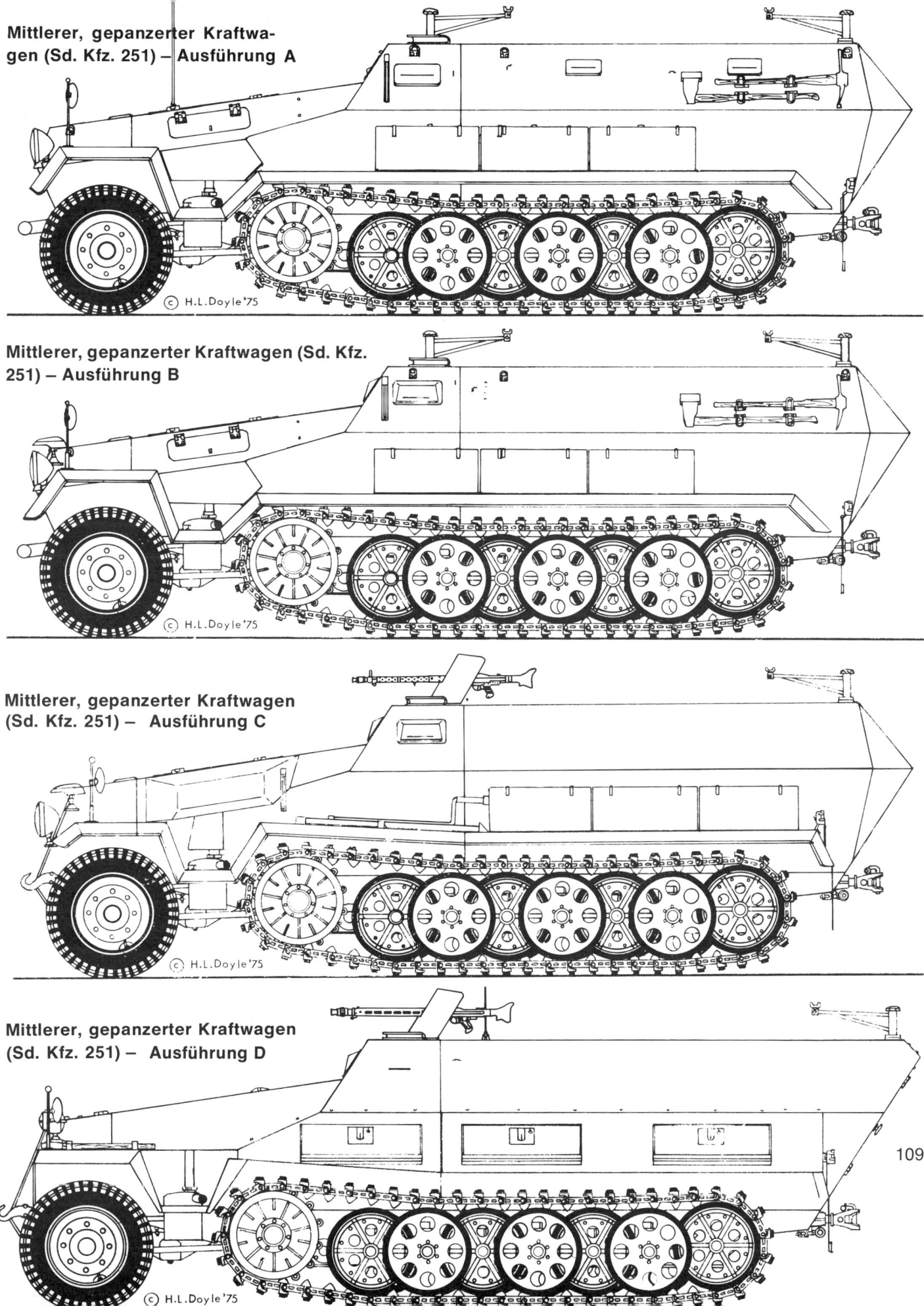

Mittlerer, gepanzerter Kraftwagen (Sd. Kfz. 251) – Ausführung A

© H.L.Doyle '75

Mittlerer, gepanzerter Kraftwagen (Sd. Kfz. 251) – Ausführung B

© H.L.Doyle '75

Mittlerer, gepanzerter Kraftwagen (Sd. Kfz. 251) – Ausführung C

© H.L.Doyle '75

Mittlerer, gepanzerter Kraftwagen (Sd. Kfz. 251) – Ausführung D

109

© H.L.Doyle '75

des Waffenamtes vom 14. 8. 1941 für Verwendung in Libyen ein Panzerjägerfahrzeug mit 360° Seitenrichtfeld. Die Bezeichnung dieses Fahrzeuges lautete »7,62 cm Pak 36 auf 8 t Zgkw (Artemis)«. Vier Mann Besatzung waren durch SmK-sichere Panzerung geschützt. Die Konstruktion war abgeschlossen, ein Musterstück wurde gefertigt. 1944 wurden einige der 8 t Zugmaschinen mit gepanzerten Aufbauten als Feuerleitfahrzeuge für V 2 Raketen-Einheiten umgebaut.

Bei der schwersten Ausführung der Halbketten-Zugmaschinen, dem 18 t Zgkw der Firma FAMO, wurde eine gepanzerte Selbstfahrlafette geschaffen, welche die 8,8 cm Flak 37 trug. Ursprünglich waren davon 1942 112 Stück in Auftrag gegeben. Die Weserhütte in Bad Oeynhausen lieferte tatsächlich 1943 vierzehn dieser Fahrzeuge aus.

Über die Motorisierung der Panzerbegleitinfanterie äußerte sich Generaloberst Heinz Guderian in seinem Buch »Erinnerungen eines Soldaten«: »Die Entwicklung der Kettenfahrzeuge für die Ergänzungswaffen der Panzer nahm niemals das von uns gewünschte Tempo an. Es war klar, daß die Ergebnisse der Panzer umso größer sein mußten, je besser ihnen die Schützen, die Artillerie und die anderen Waffen der Divisionen beim Marsch querbeet folgen konnten. Wir forderten also Halbkettenfahrzeuge mit leichter Panzerung für die Schützen, die Pioniere, den Sanitätsdienst, gepanzerte Selbstfahrlafetten für die Artillerie und für die Panzerabwehr-Abteilungen«.

Aus dieser Forderung entstand unter der Bezeichnung »mittlerer gepanzerter Kraftwagen« (Sd. Kfz. 251) eine leicht gepanzerte Ausführung des Zugkraftwagens 3 t. Verantwortlich für die Entwicklung des Fahrgestelles war die Firma Hanomag in Hannover, die als Abart des Typs »H kl 6« das Fahrgestell »Hkl 6 p« schuf. Den Aufbau in Panzerstahl entwickelte die Büssing-NAG in Berlin-Oberschöneweide in Zusammenarbeit mit den Deutschen Werken in Kiel.

Die Vorarbeiten begannen 1937. 1938 erfolgte der Auftrag über eine 0-Serie unter der Auftragsnummer VIII b/211-2003/38 (G IV b-113/38). Zum ersten Male tauchte 1938 auch die Bezeichnung »mittlerer gepanzerter Mannschaftstransportwagen« (MTW) auf. Ihre Verwendung war bei den schnellen Truppen und den motorisierten Truppen vorgesehen. Als erste Einheit erhielt eine Kompanie des Infanterieregiments der er-

sten Panzerdivision solche Fahrzeuge im Frühjahr 1939.

Der Panzeraufbau des mittleren gepanzerten Mannschafts-Kraftwagens befand sich auf einem Fahrgestell nach der Art des leichten Zugkraftwagens 3 t, an dem gegenüber der Normalbauart einige Änderungen an Kühler, Lenkrad, Kraftstoffbehälter und Auspuffanlage vorgenommen worden waren.

Der Panzeraufbau bestand aus Bugpanzer, Mittelpanzer, Heckpanzer, Seiten- und Bodenpanzer. Die Hauptteile setzten sich aus schußsicher miteinander verschweißten oder vernieteten Panzerblechen, die zur Hauptschußrichtung schräg gestellt und gegen waagerechten Beschuß SmK-sicher waren, zusammen. Der Aufbau war mit dem Fahrgestell durch Verbindungsstücke verbunden.

Bug- und Mittelpanzer deckten Motor- und Fahrerraum ab. Die untere Stirnplatte am Bugpanzer schützte Lenkgestänge und Stoßdämpfer.

Mittel- und Heckpanzer bildeten den Mannschaftsraum, der durch eine Trennwand vom Motorraum abgeteilt war. Der Heckpanzer bestand aus zwei Teilen.

Seiten- und Bodenpanzer schützten wichtige Teile des Fahrgestelles.

Der Mannschaftsraum war oben offen. In der Rückwand befand sich eine zweiteilige Tür. Vorne im Mannschaftsraum war an der Panzerdecke über dem Fahrer ein abnehmbarer und schwenkbarer Panzerschild angebracht, in dem ein MG gelagert war. Über der Querleiste am hinteren Ende des Mannschaftsraumes befand sich ein Fliegerschwenkarm zur Aufnahme eines weiteren MG.

Zum Schutz gegen Staub und Regen konnte der Mannschaftsraum durch eine auf vier einsteckbaren Spriegeln ruhende Plane abgedeckt werden.

Die Sitze für Fahrer und Funker waren verstellbar. Bei der Ausf. C konnte zusammen mit den Sitzen der Fußboden herausgenommen werden, um die Lenkbremsen leichter nachstellen zu können.

In Augenhöhe befanden sich vor Fahrer und Beifahrer verstellbare Fahrersehklappen, links bzw. rechts verstellbare Sehklappen, deren Sehschlitze durch auswechselbare Schutzgläser geschützt waren. An den Längsseiten befanden sich vier Sitzkästen oder Sitzbänke, unter denen Munition oder Gepäck untergebracht werden konnten.

Das am zahlreichsten vertretene Panzerfahrzeug der deutschen Wehrmacht war der mittlere Schützenpanzerwagen (Sd. Kfz. 251) – Es gab davon vier Grundausführungen, die hier gegenüber gestellt werden:

die Ausführung A: erkenntlich an den beiden Sehöffnungen seitlich am hinteren Aufbau

die Ausführung B: die seitlichen Sehöffnungen waren entfallen, es ist nur noch eine Sehöffnung beim Beifahrer vorgesehen.

die Ausführung C: die vordere Stoßstange entfiel, das Bugblech wurde neu gestaltet, die seitlichen Öffnungen zum Motorraum neu ausgebildet.

die Ausführung D: es werden nur noch gerade Bleche verwendet. Die Sichtklappen seitlich entfallen. Das Heck ist nunmehr ausladend ausgebildet.

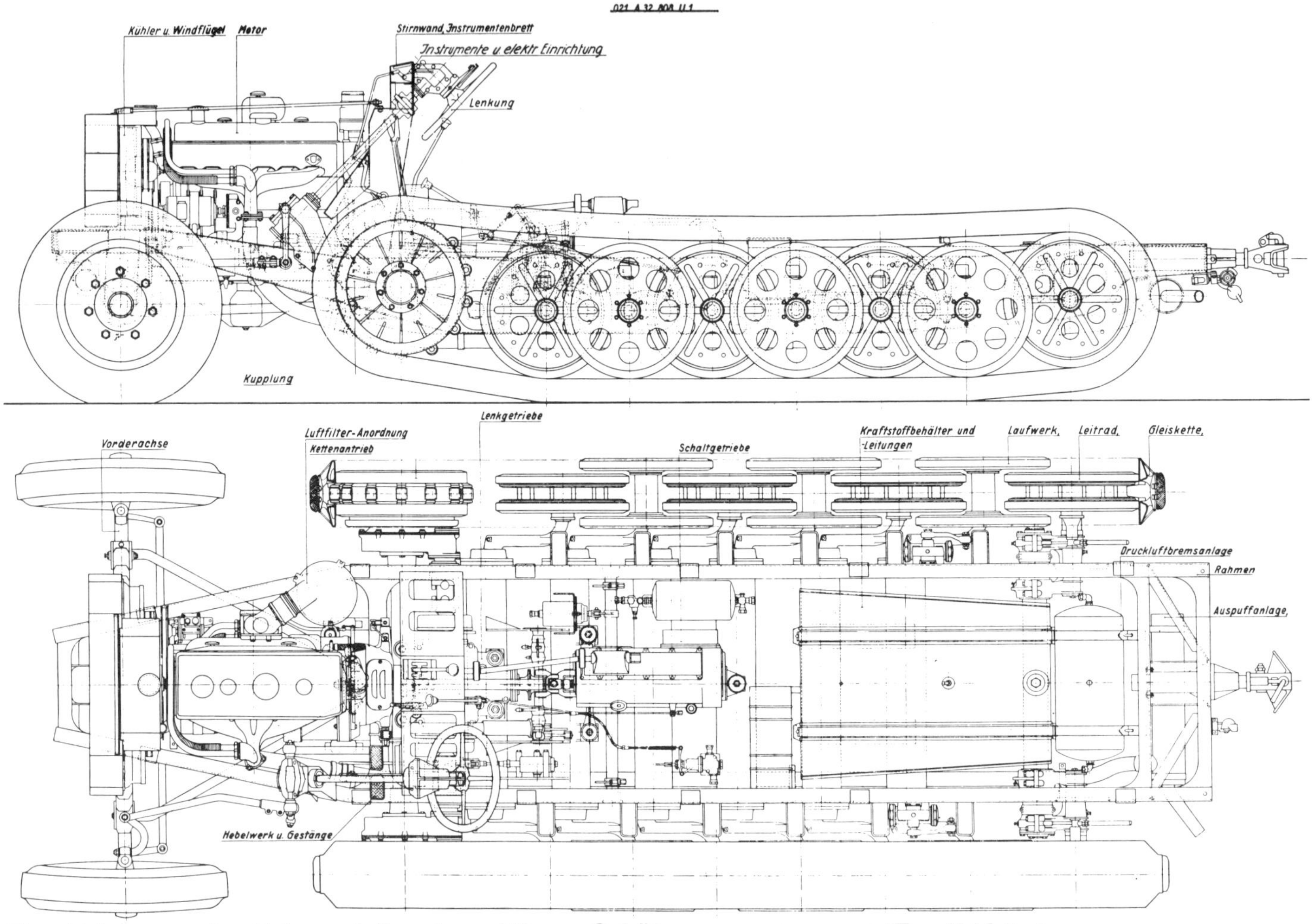

Labels on top drawing: Kühler u Windflügel · Motor · Stirnwand, Instrumentenbrett · Instrumente u. elektr. Einrichtung · Lenkung · Kupplung

Labels on middle drawing: Vorderachse · Luftfilter-Anordnung · Kettenantrieb · Lenkgetriebe · Schaltgetriebe · Kraftstoffbehälter und -Leitungen · Laufwerk · Leitrad · Gleiskette · Druckluftbremsanlage · Rahmen · Auspuffanlage · Hebelwerk u. Gestänge

Eine Zeichnung des Fahrgestelles des mittleren Schützenpanzerwagens (Typ H kl 6 p).
Die Vorderansicht des Fahrgestelles.

Die Sitze der Ausf. C waren für Reise- und Kriegsmarsch der Höhe nach verstellbar.

Die Ausf. A hatte rechts und links in den oberen Seitenwänden des Heckpanzers je zwei Seheinsätze, die mit auswechselbaren Schutzgläsern versehen waren. Die Ausf. B unterschied sich äußerlich nur durch das Fehlen dieser seitlichen Seheinsätze von der Ausf. A.

Die Panzerblechstärke betrug in Hauptschußrichtung 14,5 mm, seitlich und hinten 8 mm.

Bis Mitte 1940 gelangten drei Ausführungen dieser Fahrzeuge zur Truppe, wobei sich im wesentlichen die Ausführungen A und B wie folgt von der Ausf. C unterschieden:

Hanomag und Hansa-Lloyd-Goliath hatten mit der Serienfertigung der Fahrgestelle noch 1938 begonnen. Während normalerweise 190-18 Reifen verwendet wurden, kamen bei den Fahrgestellen 796001 bis 796030 (Hanomag) und bis Fahrgestell Nr. 320285 (Hansa-Lloyd) Reifen der Größe 7,25-20 extra zur Verwendung. Die Gruppenfahrzeuge erhielten grundsätzlich nur eine Batterie, während bei Funk- und anderen Spezialausführungen zwei Batterien eingebaut wurden. Dazu mußte allerdings der Benzintank geändert werden. Bei der Tropenausführung des Fahrzeuges ergaben sich ein geänderter Windflügel für die Motorkühlung sowie verbesserte Luftfilter.

	Ausführungen A und B	Ausführung C
AUSSEN		
Stoßstange	vorhanden	ohne Stoßstange
Kühlluftklappen	vorhanden	ohne (Regeln der Wassertemperatur durch verstellbare Kühlerabdeckung)
Schanzzeug und Winker	an den Panzerwänden befestigt	auf Kotflügeln befestigt
hintere polizeiliche Kennzeichen	auf besonderen Nummernschildern	auf Kotflügel aufgemalt, daher bessere Zugänglichkeit zur Kettennachspannung
INNEN		
Befestigung der Halter für Gerät	an aufgeschweißten Butzen oder Schrauben	an aufgeschraubten Futterblechen
Fahrersitze	Muldensitze	neuer, mit Kampfwagen einheitlicher Sitz
Innenbeleuchtung	Suchscheinwerfer	Handlampe mit 5 m Kabel
Halter für MP 38 und Magazintasche	nicht vorhanden, spätere Anbringung möglich	Halter für zwei MP 38 und Magazintasche
Sitzbänke	nicht verstellbar, ohne Rückenlehne	Sitzkästen verstellbar für Reise und Kriegsmarsch mit Rückenlehne und Kopfleiste
Gewehrhalter	6 Einzelhalter für 6 Gewehre	2 Gewehrhalter für je 4 Gewehre
Halter für Feuerlöscher	außen rechts	innen an linker Türe
Sehklappen	Aufstellhebel gerade	Aufstellhebel gekröpft

Zwischen dem 1. 9. 1939 und dem 31. 3. 1940 wurde eine Anzahl gepanzerter Mannschaftstransportwagen den Panzerdivisionen neu zugeführt. Borgward produzierte unter anderem 1940 die Fahrgestelle 320831 bis 322039,

1941 322040 bis 322450 und 1942 322451 bis 323081. Am 28. 4. 1941 forderte das OKH Chef H. Rüst die Einstufung von leichtgepanzerten Fahrzeugen in die Sonderstufe SS. Das OKH Wi Rü Amt versprach sich jedoch von dieser Einstufung nicht das gewünschte Ergebnis. Die Überlastung und Anspannung in gleichartiger SS Fertigung, z. B. der schweren Panzer wäre bereits so stark, daß die Umstufung der leichtgepanzerten Fahrzeuge in die Stufe SS sich irgendwie nachteilig für die Fertigung der schweren Panzer oder für die vordringlichsten Marine- und Luftwaffen-Fertigung auswirken würde. Die Bedeutung der Fertigung leichtgepanzerter Fahrzeuge wurde trotzdem in vollem Umfange anerkannt und das OKH Chef H Rüst wurde gebeten, die bei den Haupt- sowie Unterlieferern bestehenden Schwierigkeiten nach Möglichkeit zu beseitigen. Diese Unterstützung wirkte sich dahin aus, daß eine Reihe von zusätzlichen Firmen in dieses Fertigungsprogramm eingeschaltet wurde. Die Montage der Fahrzeuge wurde während des Krieges den Firmen Weserhütte, Bad Oeynhausen- Wumag, Görlitz und F. Schichau AG, Elbing übertragen. Die Fahrgestelle wurden von den Firmen Adler, Frankfurt – Auto-Union, Chemnitz – Hanomag, Hannover und Skoda in Pilsen beigestellt. 1942 waren an der Produktion auch noch die Firmen Stöver in Stettin und die Maschinenfabrik Niedersachsen (MNH) in Hannover beteiligt. Zulieferer der gepanzerten Aufbauten waren Ferrum, Laurahütte-Schoeller & Bleckmann, Mürzzuschlag-Bohemia, Böhmisch-Leipa und Steinmüller in Gummersbach. Der Rohstoffbedarf pro Fahrzeug betrug 6076 kp unlegiertes und legiertes Eisen, der Preis pro Fahrzeug RM 22560,–

Unmittelbar nach dem Anschluß Österreichs wurden bis zum 1. Oktober 1938 von der Wehrmacht etwa 30 Millionen RM für kriegswichtige Bauten zur Verfügung gestellt. Dabei ergaben sich 10,5 Millionen für den Ausbau eines Panzerblechwerkes in Kapfenberg für die Firma Böhler, während Schoeller-Bleckmann in Mürzzuschlag 2,91 Millionen für denselben Zweck zugewiesen bekam. Böhler hatte 1938/1939 bereits 140 Aufbauten für den gepanzerten Beobachtungskraftwagen (Sd. Kfz. 254,) geliefert und baute bis 1941 neben dem gepanzerten Munitionstransportwagen (Sd. Kfz. 252) noch 250 Aufbauten für den gepanzerten Beobachtungswagen (Sd. Kfz. 253). Dazu kamen in den Jahren 1942 bis 1943 1075 Aufbauten für den leichten Schützenpanzerwagen (Sd. Kfz. 250). Ab Sommer 1940 fand die Fertigung der Panzeraufbauten im neuen Werk Kapfenberg statt.

Schoeller-Bleckmann übersiedelte mit der Aufbautenfertigung 1940 nach Mürzzuschlag und fertigte in den Jahren 1940 bis 1944 insgesamt 2322 Aufbauten für den mittleren Schützenpanzerwagen (Sd. Kfz. 251)
Anfangs 1940 ergaben sich bei Schoeller & Bleckmann Verzögerungen in der Aufbauherstellung wegen Molybdänmangel. Bezeichnend für die Versorgungssituation und die Kompetenzstreitigkeiten innerhalb der einzelnen Waffengattungen ist ein Auszug eines Briefes den der Chef der Heeresrüstung am 17. 5. 1941 an den Reichsminister des Innern sandte. »Durch Ihr Schreiben vom 9. 4. 1941 teilten Sie meinem Heeres-Waffenamt mit, daß Sie die Steyr Werke unmittelbar angewiesen haben, die Fertigung von 24 Panzer-Straßenfahrzeugen für die Waffen-SS in gleicher Dringlichkeit aller sonstigen Fertigungen beschleunigt durchzuführen. Es handelt sich keineswegs um Fahrzeuge für die Waffen-SS, also um die Ausstattung von Kampftruppen, sondern um Fahrzeuge die reinen Polizeizwecken hinter der Front dienen sollten. Noch schwerwiegender ist die irrige Annahme, daß die durch unmittelbares Fernschreiben an die Firma Böhler zu Gunsten der Panzerung der Polizeifahrzeuge hinter der Front verfügte Zurückstellung von 60 Aufbauten für leichte gepanzerte Mannschafts-Transportwagen für die Heeresrüstung tragbar wäre. Die Schützenpanzerwagen fehlen für die Ausrüstung der kämpfenden Truppe in einem Ausmaß, das nur meine mit den täglichen Sorgen des Nachschubs belasteten militärischen Bearbeiter beurteilen können. Die Schützenpanzerwagen sind für Schützen-Brigaden und Pioniere in den Panzerdivisionen vorgesehen. Die dringende Forderung für das Afrika-Korps konnte noch nicht erfüllt werden, zumal eine einmalige Abgabe von 30 Stück an die Luftwaffe erforderlich war.«

1940 wurden insgesamt 348 mittlere Schützenpanzer (SPW) hergestellt. 1941 waren es 947. Obwohl das Fahrzeug in seiner endgültigen Form lediglich als Transportfahrzeug gelten konnte, ergab der steigende Bedarf und die Bewaffnung der einzelnen Abarten während der letzten Kriegsjahre ein bedingt brauchbares Kampffahrzeug. Der Panzerkampfwagen hatte letztlich seinen klassischen Partner gefunden. Die Gesamtproduktion für 1942 betrug 1190 Einheiten.

Im Oktober 1942 hielt Hitler den vorgeschlagenen Auf-

Leichte Anhängeschlitten nach russischem Vorbild wurden von mittleren Schützenpanzerwagen gezogen. Zugfahrzeug ist ein Fahrzeug der Ausführung A (Sichtklappen an den hinteren Seitenwänden).

Die 1943 eingeführte Ausführung D zeigte einen vereinfachten Panzerkasten mit nur noch geraden Blechen. Bilder zeigen Vorder- und Rückansicht des Fahrzeuges während einer Übung.

bau der Nebelwerfer auf der gepanzerten Zugmaschine 3 t für sehr wichtig. Es sollten zunächst je Monat 20 Stück dieser Fahrzeuge gefertigt werden.

Zu diesem Vorhaben kam es jedoch nicht mehr, da nach der Ausweichlösung Opel-Maultier der schwere Wehrmachtsschlepper für diese Verwendung herangezogen wurde.

1943 erschien die Ausführung D, nach Einstufung in die SS-Klasse, in ziemlich vereinfachter Ausführung. Nur noch glatte Panzerbleche wurden verwendet und das Heck stark ausfallend umgebildet. Die seitlichen Sehklappen entfielen und wurden durch Schlitze ersetzt. Jahresproduktion für 1943 betrug 4250 Fahrzeuge, diese Zahr stieg 1944 auf 7800 Einheiten an. Die Fahrzeuge verblieben bis zum Kriegsende in Produktion. Guderian verlangte mit Nachdruck 1944 für die Panzer-

grenadiere den Weiterbau des Panzergrenadierwagens 3 t in Großserie unter Verzicht auf alle Änderungen. Mit diesem Fahrzeug mußten auch die Bedürfnisse der Panzer-Pioniere und Nachrichtentruppe befriedigt werden. Die hervorragenden, jedoch sehr komplizierten Gleisketten dieser Fahrzeuge bildeten eine dauernde Belastung der Versorgung. Es gab gegossene Kettenglieder (Typ Zgw. 50/280/140 bzw. Zgw. 5001/280/140) oder eine gepreßte Ausführung (Typ Zpw. 5001/280/140). Während die erste Zahl den Kettentyp angibt, besagte die zweite die Kettenbreite und die dritte die Kettenteilung. Am 24. 2. 1944 teilte der Ch H Rüst u. BdE mit, daß anstelle der bisher verwendeten Gleiskette mit Gummipolster für Zgkw., nach und nach mit Stahlkappen versehene Gleisketten, genannt Stahllaufketten, ausgegeben würden. Damit wurde die

Bilder von oben nach unten: Das Fahrzeug (Ausf. C), linke Seitenansicht, MG in Panzerschild und Fliegerschwenkarm eingelegt und gezurrt.

Der Fahrerraum des mittleren Schützenpanzerwagens.

Höchstgeschwindigkeit auf Straßen auf 30 km/h beschränkt. Auf Straßen bestand fernerhin eine erhöhte Rutschgefahr. Im Gelände war die Stahllaufkette der Gleiskette mit Gummipolster gleichwertig. Das Heer. Techn. V. Blatt vom 1. 6. 1944 besagte daraufhin: »die mittleren Schützenpanzerwagen wurden versuchsweise mit Gleisketten ausgestattet, deren Gummipolster durch Stahlkappen ersetzt waren. Diese haben sich im Truppenversuch nicht bewährt. Die Stahlkappen lösen sich leicht und gehen häufig verloren. Die Stahlkappen werden deshalb wieder durch Gummipolster (W 112g) ersetzt.«

Es ist nun angebracht, im einzelnen auf die Vielzahl der Ausführungen einzugehen, die diesen Fahrzeugtyp nicht nur zum vielseitigsten, sondern auch zum zahlreichsten gepanzerten Fahrzeug der Deutschen Wehrmacht werden ließen.

Wie bereits erwähnt, bildete der mittlere gepanzerte Kraftwagen (Sd. Kfz. 251) das Grundfahrzeug für alle anderen Ausführungen. Als Sd. Kfz. 251/1 erschien der mittlere Schützenpanzerwagen in zwei Abarten. Er war entweder für eine Gruppe mit zwei leMG oder als Fahrzeug für zwei sMG Bedienungen vorhanden. Zwölf Mann Besatzung wurden bei der ersten, elf bei der zweiten Ausführung befördert. Das Gesamtgewicht betrug ca. 9t. Unter Verwendung von Sd. Kfz. 251 bzw. 251/1 schuf die Firma J. Gast KG, in Berlin-Lichtenberg eine Ausführung, welche den schweren Wurfrahmen 40 trug. Die Winkelstellung wurde von Hand vorgenommen. Es kamen drallstabilisierte 28 cm Spreng-bzw. 32 cm Flammgranaten zum Verschuß. Auch Nebelfüllungen waren vorhanden. Die maximale Schußweite be-

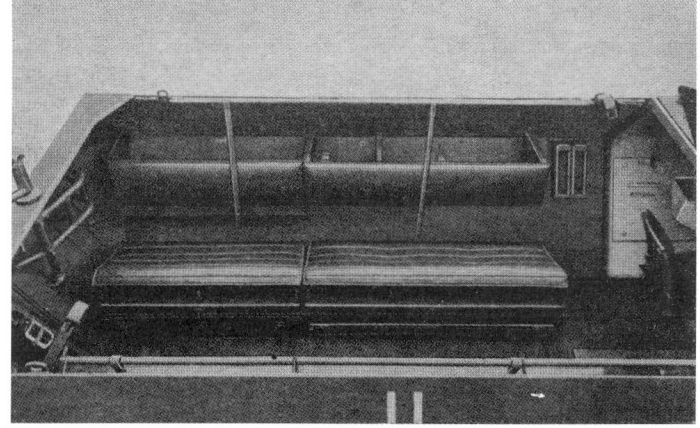

Die linke und rechte Innenseite des Aufbaus mit Grundhaltern.

116

Sd. Kfz. 251/1 (Ausf. C) in Seiten-, und Vorderansicht mit Blick in den Fahrerraum. Die gegenüber den Ausf. A und B nunmehr in einem Stück ausgeführte Motorstirnplatte ist gut zu erkennen. Es gab von diesem Fahrzeug zwei Ausführungen. (links)

Das Fahrzeug mit schwerem Wurfrahmen 40 im Einsatz. Die Sprengkörper waren im Flug gut zu verfolgen. (unten)

Der schwere Wurfrahmen 40 wurde seit 1940 an allen Ausführungen des m SPW angebracht. Die Bilder zeigen die Anordnung der Wurfeinrichtung an beiden Seiten des Fahrzeuges.

Das Fahrzeug mit geladenen Wurfrahmen, die Winkeleinstellung für die Entfernung mußte von Hand vorgenommen werden.

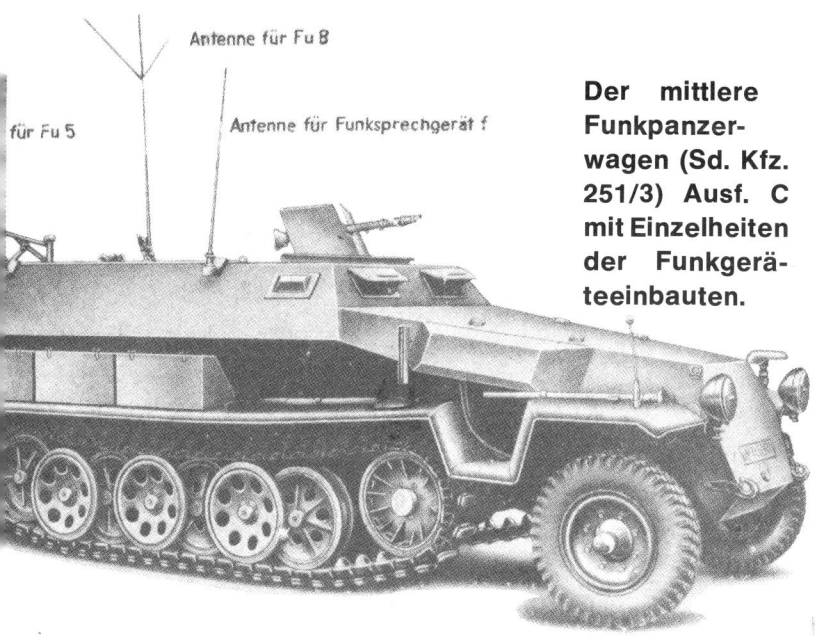

Antenne für Fu 8

für Fu 5

Antenne für Funksprechgerät f

Der mittlere Funkpanzerwagen (Sd. Kfz. 251/3) Ausf. C mit Einzelheiten der Funkgeräteeinbauten.

Sonder Kfz 251/3

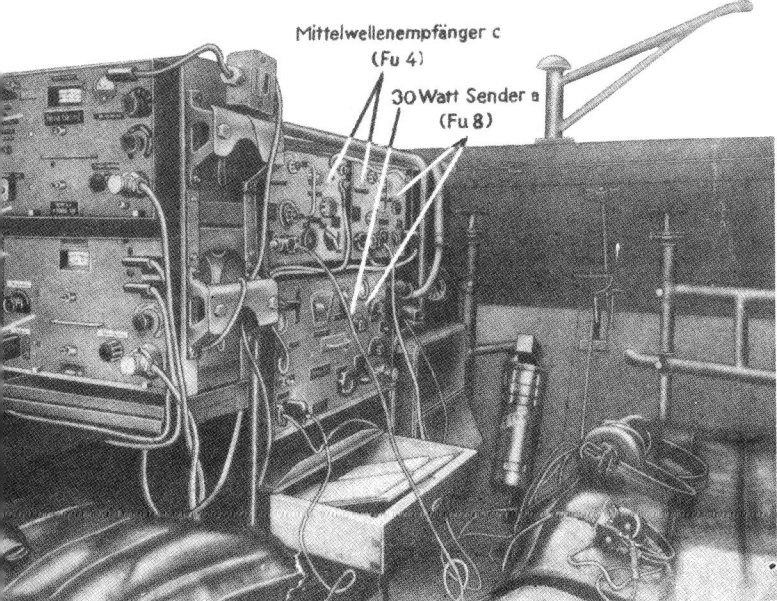

Mittelwellenempfänger c (Fu 4)

30 Watt Sender a (Fu 8)

trug 1,8 km. Fahrzeuge der Ausführungen A–D wurden dafür verwendet.

Die Firma Gaubschat in Berlin erhielt am 1. 9. 1940 einen Auftrag über Einbauten für Panzer-Beobachtungsbatterien auf Sd. Kfz. 251. Die Truppenerprobung sollte ab Frühjahr 1942 erfolgen. Das Sd. Kfz. 251/2 war für einen schweren Granatwerfer-Trupp ausgelegt und hatte ein Gefechtsgewicht von 8,64 t. Ein 8 cm s GraW war zum Beschuß vom Fahrzeug eingebaut. 66 Schuß Munition wurden mitgeführt. Die Besatzung von 8 Mann konnte die Waffe auch außerhalb des Fahrzeuges einsetzen.

Sd. Kfz. 251/2 als mittlerer Schützenpanzerwagen (Granatwerfer). Das Bild zeigt den in einer Bodenplatte eingesetzten 8 cm s GraW.

Die A und B Ausführungen des mSPW stellten einen entscheidenden Anteil in der Ausrüstung der angreifenden Panzerdivisionen im Feldzug gegen Rußland 1941. Bild zeigt eines dieser Fahrzeuge beim Bergen eines französischen Panzerspähwagens Panhard.

Die Granatwerfer-Bodenplatte für den Einsatz außerhalb des Fahrzeuges wurde an der Motorfrontplatte befestigt. Der mittlere Funkpanzerwagen (Sd. Kfz. 251/3) kam in nicht weniger als neun verschiedenen Ausführungen. Grundsätzlich waren 7 Mann Besatzung vorhanden, das Gefechtsgewicht betrug ca. 8,5 t. Folgende Funkgerätekombinationen bestimmten den jeweiligen Einsatzwert: I = Fu. 8, Fu. 5 und Fu. Spr. f – II = Fu. 8, Fu. 4 und Fu. Spr. f – III = Fu. 8, Fu. 5 und Fu. Spr. f – IV = Fu. 7, Fu. 1 und Fu. Spr. f – V = Kdo. Fu. Tr. Fu. 11 und Fu. 12 – VI = Fu. Tr. 100 Mw (gp) – VII = Fu. Tr. 80 Mw (gp) – VIII = Fu. Tr. 30 Mw (gp) – IX = Fu. Tr. 15 Kzw. (gp) – 1 MG 34 bzw. 42 mit 2010 Schuß Munition wurde mitgeführt. Der mittlere Schützenpanzerwagen (IG) (Sd. Kfz. 251/4) diente zur Aufnahme einer leIG Bedienung und 120 Schuß 7,5 cm Munition. Das Gefechtsgewicht betrug 7,74 t. Das Infanteriegeschütz war am Fahrzeug angekuppelt. Eine zweite Ausführung dieses Fahrzeuges wurde ausschließlich als Munitionsfahrzeug verwendet. Diese Fahrzeuge wurden ab 1943 nicht mehr gefertigt. Ebenfalls ausgeschieden wurde zu dieser Zeit der mittlere Pionierpanzerwagen (Sd. Kfz. 251/5). Er lief als Gruppenwagen 1, 2, 3 und 4 bei den Pionierzügen (mot).

9 Mann Besatzung und 2 MG wurden mitgeführt. Die Funkausrüstung war je nach Verwendung verschieden. Der mittlere Kommandopanzerwagen (Sd. Kfz. 251/6) hatte 8 Mann Besatzung und ein Gefechtsgewicht von 8,5 t. 1 Fu. 12 und ein Fu. 19 waren eingebaut. Der mittlere Pionierpanzerwagen (Sd. Kfz. 251/7) erschien in zwei Ausführungen. Er diente entweder als Gruppenwagen 1, 3 und 5 oder 2, 4 und 6 innerhalb des Zuges auf gp. Kfz. der leichten Pionierkompanien (mot). 7 bis 8 Mann Besatzung und Pioniergerät wurden mitgeführt. Teilweise waren an den Längsseiten der Fahrzeuge außen Sturmbrücken zum Überwinden größerer Gräben befestigt. Beim mittleren Krankenpanzerwagen (Sd. Kfz. 251/8) gab es zwei Ausführungen, die sich lediglich in der Funkausrüstung unterschieden. Zwei Mann Besatzung waren vorgesehen, das Gesamtgewicht betrug 7,47 t.

Generaloberst H. Guderian in seinem mittleren Kommando-Panzerwagen (Sd. Kfz. 251/6) während des Frankreich-Feldzuges 1940. Sein Fahrzeug ist eines der ersten Ausf. A.

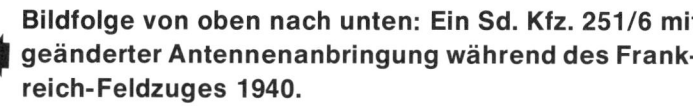

Bildfolge von oben nach unten: Ein Sd. Kfz. 251/6 mit geänderter Antennenanbringung während des Frankreich-Feldzuges 1940.

Der mittlere Kommando-Panzerwagen (Sd. Kfz. 251/6) Ausf. B zeigt Einzelheiten der Antennenanbringung bei den ersten Einsätzen in Rußland.

Ein Flieger-Führungsfahrzeug (Kommando-Panzerwagen) der Ausf. B beim Einsatz in Nordafrika.

Das Sd. Kfz. 251/7 trug unter anderen beiderseitig am Aufbau Schnellbrücken zum Überwinden von Geländehindernissen.

Der mittlere Pionier-Panzerwagen (Sd. Kfz. 251/7) erschien wiederum in zwei Ausführungen. Am Fahrzeug angehängt ist eine 2,8 cm schwere Panzerbüchse 41.

Fahrzeuge der Ausf. A wurden später in mittlere Krankenpanzerwagen (Sd. Kfz. 251/8) umgebaut. Bild zeigt eines dieser Fahrzeuge im Einsatz in Nordafrika.

Auch Fahrzeuge der C-Ausführung wurden für diesen Zweck verwendet. Diese Fahrzeuge hatten grundsätzlich keine Bewaffnung.

Der mittlere Schützenpanzerwagen (7,5cm K 51 L/24) (Sd. Kfz. 251/9) diente als Unterstützungsfahrzeug der Panzer-Grenadier-Einheiten. Bilder zeigen die Vorder- und Seitenansicht des Fahrzeuges (Ausf. C).

Ein Kanonenwagen der Ausf. D, der besonders zahlreich vertreten war.

In der Abschlußausführung war die Seitenpanzerung für die Hauptbewaffnung seitlich weit zurückgezogen um die Besatzung besser zu schützen.

Während ein Besatzungsmitglied die Kanone reinigt, wechseln andere schadhafte Laufrollen des Fahrzeuges aus.

Ein Auftrag des Waffenamtes an die Firma Büssing-NAG vom 31. 3. 1942 verlangte einen mittleren SPW mit 7,5 cm Kanone L/24. Die Feuerhöhe betrug 1710 mm, 3 Mann Besatzung und 32 Schuß Bordmunition waren vorgesehen. Der mittlere Schützenpanzerwagen (7,5 cm K 51 L/24) (Sd. Kfz. 251/9) wog 8,8 t. Ab Juni 1942 liefen zwei Versuchsstücke zur Truppenerprobung in Rußland. Eine erste Serie von 150 Stück lief ab Juni 1942 in Serienfertigung.

Am 2. 12. 1942 wurde bestimmt, daß die vorhandenen 75 Stück 7,5 cm StuK L/24 zur Bestückung von Grenadierwagen und vorhandenen 8-Rad Panzerspähwagen verwendet werden sollten. Darüber hinaus war ein Neuanlauf dieser Bewaffnung zur Bestückung der Grenadierwagen vorzunehmen. Es sollte zunächst versucht werden, für den Wiederanlauf der 7,5 cm Kanone keine Kapazität der Pak 38 in Anspruch zu nehmen, wogegen sofort auf den Weiterbau der 5 cm Kwk L/60 verzichtet werden konnte.

Späte Fahrzeuge der Ausführung D erhielten einen zusätzlichen Panzerschutz für die Bewaffnung, welcher sich auch seitlich erstreckte. Gegen Ende des Krieges erschienen diese Unterstützungsfahrzeuge in immer größeren Stückzahlen. Schon 1940 erhielten die Zugführerwagen eine 3,7 cm Pak aufgebaut. Die Panzerung für diese Waffe bestand entweder aus dem Originalschild der Pak oder aus einer etwas niedrigeren Ummantelung. Bei einem Gefechtsgewicht von 8,01 t hatten diese mittleren Schützenpanzerwagen (3,7 cm Pak) (Sd. Kfz. 251/10) eine Besatzung von 6 Mann. Diese Fahrzeuge führten fernerhin eine schwere Panzerbüchse 39 mit 40 Schuß Munition mit. Ihre Fertigung wurde 1943 eingestellt. Der Auftrag für den mittleren Fernsprechpanzerwagen wurde am 16. 1. 1942 erteilt. Er diente zur Beförderung des großen Fernsprechtrupps a (mot). Dieses Sd. Kfz. 251/11 kam in zwei weiteren Ausführungen und zwar als Fahrzeug für den mittleren Feldkabeltrupp 10 (gp) und den leichten Feldkabeltrupp 6 (gp). Bis zu 5 Mann Besatzung wurden mitgeführt. Das erste Fahrzeug dieser Art wurde am 15. 8 1942 ausgeliefert. Zusätzlich wurden die Meßtrupps noch mit dem mittleren Meßtrupp-Gerätepanzerwagen (Sd. Kfz.

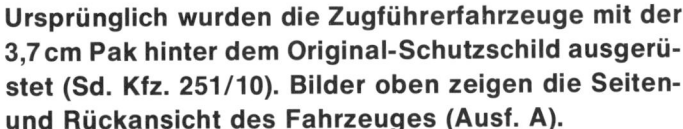

Ursprünglich wurden die Zugführerfahrzeuge mit der 3,7 cm Pak hinter dem Original-Schutzschild ausgerüstet (Sd. Kfz. 251/10). Bilder oben zeigen die Seiten- und Rückansicht des Fahrzeuges (Ausf. A).

Später, kam anstelle des Original-Panzerschildes eine niedrige Ausführung zum Einbau. Bild oben rechts zeigt eine C-Ausführung dieses Fahrzeuges.

Bilder rechts des Zugführer-Fahrzeuges beim Einsatz in Rußland. Es handelt sich in beiden Fällen um ein Fahrzeug der Ausführung C.

251/12) ausgerüstet, welcher den Großteil der Geräte trug. Die Artillerie der Panzerverbände erhielt die folgenden drei Sonderfahrzeuge und zwar den mittleren Schallaufnahmepanzerwagen (Sd. Kfz. 251/13), den mittleren Schallauswertepanzerwagen (Sd. Kfz. 251/14) und den mittleren Lichtauswertepanzerwagen (Sd. Kfz. 251/15). Sie dienten gleichen Aufgaben wie die früheren ungepanzerten Ausführungen auf Dreiachs-LKW-Fahrgestellen. Der 8,62 t schwere mittlere Flammpanzerwagen (Sd. Kfz. 251/16) stand als nächster auf der Bestandsliste. Seitlich am Panzerkasten waren zwei Flammenwerfer hinter Panzerschild angebaut. Die Strahlrohre hatten 14 mm Durchmesser. Zusätzlich wurden ein Handstrahlrohr 7 mm und ein MG 42 mitgeführt. Drei Mann Besatzung waren vorhanden. Das Sd. Kfz. 251/17, der mittlere Schützenpanzerwagen (2 cm) kam in 3 Ausführungen. Die erste Version verwendete den unveränderten Panzerkasten, in dessen Mitte eine 2 cm Flak 38 aufgebaut war. Das Seitenrichtfeld war wegen der Enge der Öffnung des Kampfraumes stark beschränkt. 600 Schuß Munition wurden im Fahrzeug mitgeführt. Die Enge des Kampfraumes wurde bei der Luftwaffen-Fla Ausführung dahingehend beseitigt indem man den Aufbau nicht nur verbreiterte sondern auch die seitlichen Panzerwände ausklappbar anordnete. Dadurch erreichte man nicht nur ein 360° Seitenrichtfeld, sondern auch ausreichende Bewegungsfreiheit der Besatzung. Bis zu 11 Mann waren zur Bedienung notwendig. Die letzte Ausführung hatte einen ungeschützten Kampfraum, der durch abklappbare Seitenteile genügend erweitert werden konnte. Motor und Fahrerkabine waren wie üblich gepanzert. Der bereits 1940 in Auftrag gegebene mittlere Beobachtungspanzerwagen (Sd. Kfz. 251/18) erschien endgültig 1943 als Ersatz für die leichte Ausführung. Zur Aufnahme des Fernsprech-Betriebs-Trupps diente der mittlere Fernsprech-Betriebspanzerwagen (Sd. Kfz. 251/19). Schon 1942 war in einer Arbeitsbesprechung des OKH WaF ein Wärmepeilgerät, welches mit einem 60 cm Empfangsspiegel und einem Bolometer ausgerüstet war, beschrieben worden. Ab 1944 konnten eine Anzahl

Der mittlere Fernsprechpanzerwagen (Sd. Kfz. 251/11).

Flammpanzerwagen der Ausf. D im Einsatz (Sd. Kfz. 251/16).

Bildfolge von oben nach unten: Der mittlere Flammpanzerwagen (Sd. Kfz 251/16) – Rückansicht auf einem C-Fahrzeug.

Der Aufbau des Flammpanzerwagens zeigt die seitliche Anordnung der Flammrohre sowie die Behälter zur Aufnahme der Flammflüssigkeit.

Ein Flammpanzerwagen der D-Ausführung mit Bedienung unter Schutzmasken. Im vorderen Panzerschild ist ein MG 42 untergebracht.

Nachdem beim mittleren Schützenpanzerwagen (2 cm) (Sd. Kfz. 261/17) die 2 cm Flak 38 innerhalb des Mannschaftsraumes untergebracht wurde, ergab sich bei der zweiten Ausführung eine Unterbringung der Waffe ähnlich wie bei der 1-t-Zugmaschine. Der Vorderteil der C-Ausführung war durch Panzer geschützt, während die hinten liegenden Schußplattform lediglich einen Panzerschutz für die Kanone aufwies.

dieser Infrarot-Geräte frontreif entwickelt werden. Sie kamen vor allem bei der Panzertruppe als Nachtfahr- und Nachtzielgeräte zum Einsatz. Mittlere Schützen- panzerwagen erhielten diese Ausrüstung zur Gefechts- feldbeleuchtung (Sd. Kfz. 251/20). Versuchsweise wurde damit eine »Panther« Einheit gegen Ende des Krieges ausgerüstet. Tarnbezeichnung für das Projekt war »Uhu«. Die immer stärker werdende Luftüberle- genheit der Alliierten verlangte als Gegenmaßnahme den Einsatz von gepanzerten Flugabwehrfahrzeugen. Um die Abwehrkraft der Panzergrenadiere zu erhöhen, kamen 1944 Fliegerabwehr-Schützenpanzerwagen (Sd. Kfz. 251/21) zum Einsatz, welche entweder 1,5 cm oder 2 cm Flugzeugbewaffnungen in Drillingsanord- nung mitführten. Hauptsächlich wurde dafür das 1,5 cm Fla MG 151/15 verwendet. Seitenrichtfeld betrug 360°.

Bildfolge rechts: Ein mittlerer Schützenpanzerwagen mit einem 60 cm Flakscheinwerfer zur unsichtbaren (infraroten) Gefechtsfeldbeleuchtung (Sd. Kfz. 251/20) – Unter der Tarnbezeichnung »UHU« waren einige dieser Fahrzeuge 1945 »Panther«-Einheiten zugeteilt und zeigten z.T. beträchtliche Erfolge.

Bei der Luftwaffen-Spezialausführung gab es eine Veränderung des Aufbaus, wobei die Seitenwände abklappbar ausgelegt wurden. Bild ganz links zeigt die so ausgerüstete Einheit mit dem Führungsfahr- zeug im Vordergrund. Eine Rahmenantenne ist ange- bracht. (Vorige Seite)

Die Aufnahme zeigt das Führungsfahrzeug der Ausf. C mit abklappbaren Seitenwänden, Rahmenantenne und MG 34 hinter Schutzschild. (Vorige Seite links un- ten)

Die Einsatzfahrzeuge selbst zeigen den Einbau der 2 cm Flak 38, beim Fahrzeug in Normalzustand, mit halb aufgeklappter Seitenpanzerung und vollständig ge- öffnetem Kampfraum. (Vorige Seite und unten)

Mittlerer Schützenpanzerwagen mit MG 151/15 oder 151/20 Drilling als Flieger-Abwehrfahrzeug der Panzer-Grenadiereinheiten (Sd. Kfz. 251/21). Fast alle dieser Fahrzeuge kamen erst gegen Ende des Krieges zum Einsatz und litten unter den üblichen versorgungsmäßigen Schwierigkeiten.

Auf persönlichen Befehl Hitlers kam Ende 1944 noch die 7,5 cm Pak 40 (L/46) auf dem mittleren Schützenpanzer (Sd. Kfz. 251/22) zum Einsatz. Hitler beurteilte diese Lösung als eine der besten des Krieges.

Innerhalb der Panzer Division 45 waren davon 3 bei der Panzeraufklärungsabt. und je 3 bei den Kompanien des PzGrenBtl (gp). Die Panzerung der Bewaffnung wurde in vielen Fällen im Felde verstärkt bzw. abgeändert. Den Abschluß der offiziellen Typenliste für Schützenpanzerwagen bildete das Sd. Kfz. 251/22. Das Heer. Techn. V Blatt 1944, Nr. 82 besagt darüber folgendes: »Der mittlere SPW 251/22 (7,5 cm Pak 40) hat keinen Turm, sondern führt die Panzerjägerkanone 40 hinter Schutzschild. Die ganze Oberlafette mit Rohr und Schild der 7,5 cm Räder-Pak 40 wurde unverändert auf einen Pivot in der Mitte des Kampfraumes des SPW gesetzt. Am 27. 11. 1944 befahl Hitler, daß neben den für die 7,5 cm Bestückung vorgesehenen Schützenpanzerwagen nicht erst im Dezember, sondern auch die noch ausstehende November Auslieferung anzuhalten und sie mit der 7,5 cm Pak 40 bewaffnet auszuliefern wäre. Ferner sollte je ein so ausgerüsteter Wagen als Musterfahrzeug an alle Divisionen gehen, um dort die Umbewaffnung vorhandener SPW vorzubereiten. Am 29. 11. 1944 betonte Hitler nochmals, daß er entscheidenden Wert auf einen sofortigen Serienanlauf der Pak 40 auf dem 3t-SPW lege. Am 5. 12. 1944 bezeichnete Hitler den SPW mit der Pak 40 als eine der besten Lösungen dieses Krieges. Er unterstrich nochmals die Dringlichkeit einer sofortigen Umstellung und wies erneut auf die Notwendigkeit hin, daß auch bei sämtlichen Räder-Pak 40 von vorhinein die für den Aufbau notwendigen kleinen Aussparungen am Schutzschild vorgenommen werden.

Die Zuteilung dieser Kanonen-SPW innerhalb der Panzer Division 45 ergab 9 Fahrzeuge bei der Panzerjägerabt. und 3 bei der Pz Aufkl. Abt. Weitere 6 waren beim Kanonenzug der Bataillone vorhanden. Die Fahrzeuge waren durch den Einbau dieser Geschütze überlastet.

Für die Panzer Division 45 waren insgesamt 90 SPW vorgesehen. Davon waren 30 Sd. Kfz. 251/1, 24 Sd. Kfz. 251/3, 6 Sd. Kfz. 251/16, 12 Sd. Kfz. 251/21 und 18 Sd. Kfz. 251/22. Die Zahl der Abarten mußte auf Grund der Kriegsereignisse stark eingeschränkt werden.

Auf Grund der Vielzahl dieser Fahrzeuge fand sich eine Anzahl von Abarten, welche von der Truppe selbst geschaffen wurden. Darauf näher einzugehen, erübrigt sich. Ein Prototyp jedoch soll Erwähnung finden, da er anläßlich einer Führervorführung 1943 offiziell vorgestellt wurde. Damals lag die Beweglichmachung der

Ein Fahrzeug der Ausführung A diente ebenfalls als Basis für eine Selbstfahrlafette, die behelfsmäßig eine 8,8 cm Pak 43 L/71 aufnahm. Dabei war der hinter Panzeraufbau abgenommen und die Kanone unter Panzerschutz aufgesetzt worden. Bilder zeigen die Vorführung vor Hitler 1943.

schweren 8,8 cm Räderpak im Sinne der Heeresleitung. Obwohl das Fahrgestell dadurch überlastet wurde, baute man versuchsweise die 8,8 cm Pak 43 L/71 auf dem mittleren Schützenpanzerwagen auf. Mit Ausnahme der Motorabdeckung war die gesamte Panzerung entfernt worden. Die Besatzung war lediglich durch den Geschützschild geschützt. Eine Feldverwendung fand nicht statt.

Die Verlagerungsbetriebe in der Tschechoslowakei, vor allem die Firmen Škoda in Pilsen und Bohemia in Böhmisch-Leipa, setzten die Produktion auch nach dem Kriege fort. Nachdem zuerst das unveränderte Sd. Kfz. 251 weitergebaut wurde, ergaben sich im Zuge der Weiterentwicklung grundsätzliche Änderungen. Der Panzerkasten wurde geändert und oben geschlossen, das aufwendige Laufwerk, vor allem die Ketten, vereinfacht. Letztlich wurde ein Tatra Dieselmotor eingebaut. Das Fahrzeug läuft noch heute als »OT 810« bei der Tschechoslowakischen Volksarmee.

Zu Beginn der Entwicklung von Schützenpanzerwagen verlangte man nicht nur ein Gruppen-, sondern auch ein Halbgruppenfahrzeug. Dafür stand das von der

Ein mittlerer Schützenpanzerwagen der Ausf. D als Zugmittel für die 7,5 cm Pak 40.

Ende 1944 zeigt sich ein Kommando-Panzerwagen der D-Ausführung mit Schießscheinwerfer und Scherenfernrohr.

Noch jahrelang nach Beendigung des Krieges baute die Tschechoslowakei den mittleren Schützenpanzerwagen für ihre Streitkräfte. Das Bild zeigt den Typ »OT 810«, welcher gegenüber dem deutschen Fahrzeug neben einem anderen Motor ungeschmierte Ketten sowie einen oben abgedeckten Mannschaftsraum aufwies.

Firma Demag entwickelte Fahrgestell der 1t Zugmaschine zur Verfügung.

Grundsätzlich ergaben sich gegenüber dem Zugmaschinentyp »D 7« folgende Änderungen:
– Panzerwanne statt Stahlblechwanne
– verkürztes Laufwerk
– geänderter Kühler, Lenkrad, Kraftstoffbehälter und Auspuffanlage

Entwicklungsfirma für das Fahrgestell des Typs »D 7 p« war die DEMAG in Wetter/Ruhr, während die Büssing-NAG in Berlin-Oberschöneweide wiederum den gepanzerten Aufbau schuf. Die 1939 erscheinenden ersten Prototypen waren teilweise noch mit dem Maybach »NL 38« Motor ausgerüstet, die ab 1940 zur Verfügung stehenden Produktionsmodelle erhielten jedoch den Maybach »HL 42 TUKRR« Motor. Am Motor war eine trockene Zweischeibenkupplung vom Typ Mecano PF 220 K angeflanscht. Von dort erfolgte der Kraftfluß über eine Kreuzgelenkwelle zum Schaltgetriebe. Als Schaltgetriebe war ein halbautomatisches Maybach-Schaltregler-Getriebe vom Typ »VG 102 128 H« eingebaut. Die einzelnen Gänge wurden durch einen kleinen Handhebel vorgewählt, die Schaltung selbst nach Durchtreten der Kupplung durch eine Unterdruckanlage ausgelöst. Das Getriebe hatte 7 Vorwärts- und 3 Rückwärtsgänge. Vom Schaltgetriebe aus wurden die Lenkgetriebe durch je ein Kegelräderpaar angetrieben. Beim Lenken mit dem Handrad wurden zunächst nur die Vorderräder bewegt. Dabei arbeitete das gesamte Lenkgetriebe wie ein normales Ausgleichsgetriebe. Bei stärkerem Einschlag wurden die Lenkbremsen angesprochen. Vom Lenkgetriebe aus wurden die vorne im Kettenlaufwerk liegenden Triebräder durch ein Stirnradvorgelege angetrieben. Die Triebräder trugen die in die Gleiskette eingreifenden, drehbaren 12 Triebradrollen. Die Laufkränze der Triebräder waren mit Gummisegmeten versehen. In den Triebrädern waren die Bremstrommeln für die hydraulische Bremse untergebracht.

Die Laufräder waren an Kurbeln aufgehängt und mit Drehstabfedern, die zwischen den Querträgern gelagert waren, abgefedert. Sie überschnitten sich und waren abwechselnd innen und außen tragend angeordnet. Sie waren als auswechselbare Stahlblechscheibenräder mit Gummireifen ausgebildet. Triebräder, innere Laufräder und Leiträder führten die Triebzähne der

Gleisketten seitlich. Die Naben sämtlicher Lauf- und Leiträder liefen auf Wälzlagern.

Jede der beiden Gleisketten, Typ »Zpw 51/240/160« bestand aus 38 Gliedern, die durch Bolzen miteinander verbunden waren. Die Triebzähne der Kettenglieder waren als Fettkammern mit Verschlußschrauben ausgebildet. Jedes Kettenglied trug ein mit vier Schrauben befestigtes Gummipolster. Die Vorderachse war als pendelnde Faustachse ausgebildet, die gegen die Wannenspitze mit einer Blattfeder abgestützt war. Die Rohrachse war durch eine Dreieckverstrebung in der Wannenmitte drehbar zur Aufnahme der Schubkräfte abgestützt.

Zur Dämpfung der Fahrzeugschwingungen war die Vorderachse mit zwei hydraulischen Stoßdämpfern ausgerüstet.

Die Lenkkraft wurde vom Handrad über eine Schnecke auf einen Lenkstockhebel und einen Doppelnocken übertragen. Die Nocken betätigten die hydraulischen Bremszylinder der Lenkbremsen. Die Wanne bestand aus Panzerblech mit eingenieteten Querträgern. Der Hauptquerträger, an dem der Kettenantrieb aufgehängt war, war als Rohrachse ausgebildet und mit diesem in der Wanne verschraubt. Der Kraftstoffbehälter mit 140 l Fassungsvermögen war im Heck der Wanne angeordnet. Hinten an der Wanne war eine gefederte Anhängekupplung angebracht, deren Kupplungshaken nach jeder Seite beweglich und um 360° drehbar war.

Bugpanzer mit Bugpanzerschild und Heckpanzer bildeten den Panzeraufbau. Bug- und Heckpanzer waren miteinander verschraubt. Sie bestanden aus schußsicher miteinander verschweißten Panzerblechen, die zur Hauptschußrichtung schräg gestellt und gegen waagerechten Beschuß SmK-sicher waren. Der Aufbau war mit der Panzerwanne des Fahrgestells verschraubt. Der Bugpanzer mit abnehmbarem Bugpanzerschild deckte den Motorraum ab. Der Bugpanzerschild schützte Lenkgestänge und Stoßdämpfer. Der Heckpanzer bildete den Mannschaftsraum, der durch eine Trennwand vom Motorraum abgeteilt war. Der Mannschaftsraum war oben offen. In der Rückwand des Panzeraufbaus befand sich eine von innen verriegelbare Einstiegtüre. Durch ein auf drei einsteckbaren Spriegeln ruhendes Verdeck konnte der Mannschaftsraum abgedeckt werden. Die Rückenlehnen des Fahrer- und Beifahrersitzes

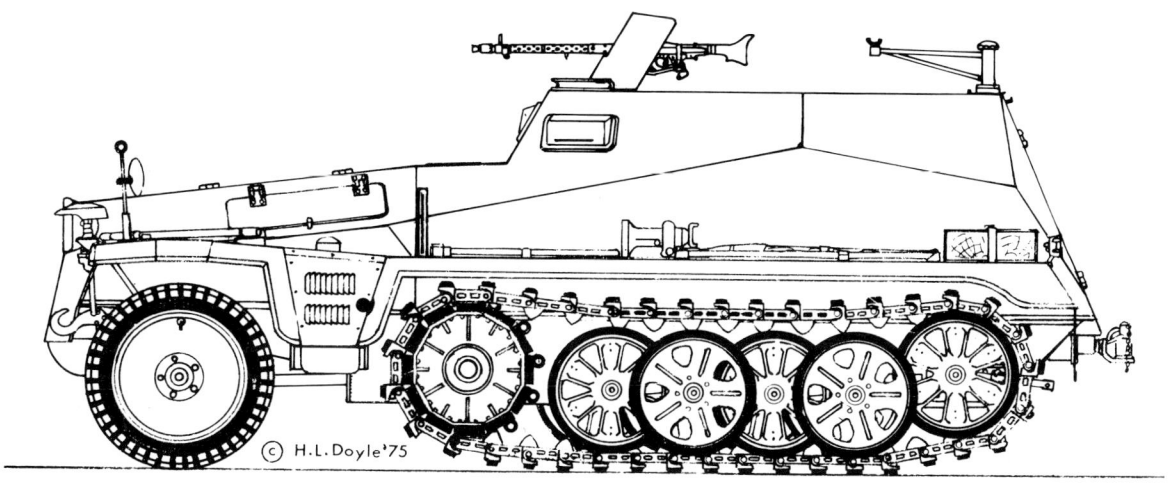

Leichter, gepanzerter Kraftwagen (Sd. Kfz. 250) – 1. Ausführung

Leichter, gepanzerter Kraftwagen (Sd. Kfz. 250) – Abschlußausführung

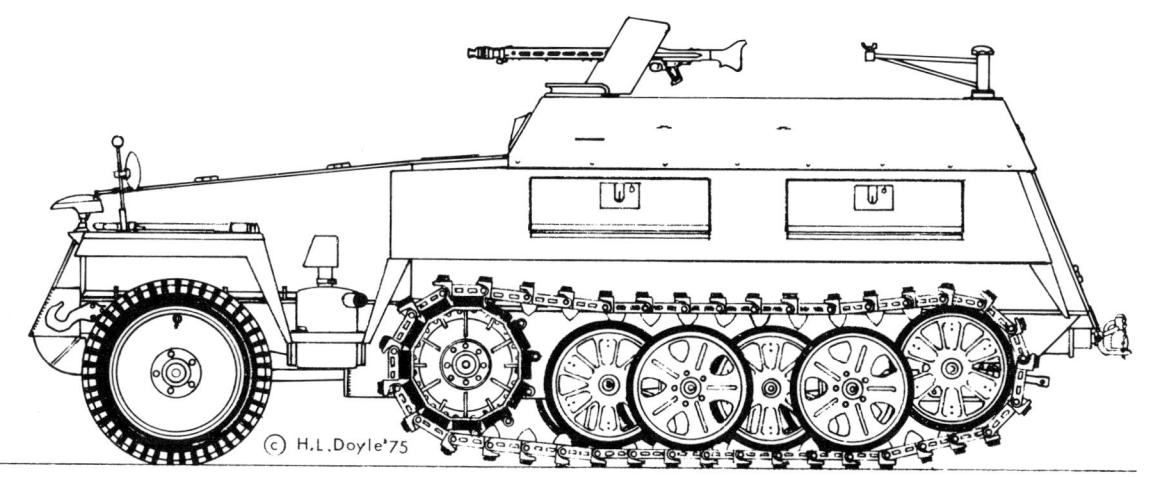

Die linke Fahrzeugseite des leichten Schützenpanzerwagens (Sd. Kfz. 250) h = große Drahtschere, f = Abschleppseil, d = Andrehkurbel, b = Wagenheber mit Kurbel, Stange und Unterlegklotz, g = Spaten, e= Brechstange.

Die rechte Fahrzeugseite des leichten Schützenpanzerwagens; i = Beil, k= Kreuzhacke.

Die rechte Fahrzeugseite mit geöffnetem Zubehörkasten i,1 = Feuerlöscher im Kasten, i1 = Axt im Kasten, a = 3 Einsätze für Werkzeug.

konnten umgeklappt werden, sie waren auch in Fahrtrichtung verstellbar. In Augenhöhe vor dem Fahrer und Beifahrer waren verstellbare Fahrersehklappen angebracht, deren Sehschlitze durch auswechselbare Schutzgläser geschützt waren. Links vom Fahrer befand sich eine verstellbare Sehklappe, rechts vom Beifahrer ein Seheinsatz.

Die Panzerung war vorne 14,5 mm, seitlich und hinten 8 mm stark. Das Gesamtgewicht des Fahrzeuges betrug 5,8 t. Bis zu 7 Mann Besatzung konnten mitgeführt werden. Die ersten Aufbauten kamen von den Firmen Deutsche Edelstahlwerke AG in Hannover-Linden und L & C Steinmüller in Gummersbach.

Während des Krieges wurde die Firma Evens & Pistor in Helsa/Thüringen ausschließlich für die Montage dieser Fahrzeuge verantwortlich gemacht. 1942 waren auch noch die Firmen Weserhütte, Bad Oeynhausen – Wu-

Die Vorder- und Rückansicht des Fahrzeuges.

Der Fahrerraum – o = 2 Schutzgläser 70 x 270 x 54, s = Handleuchte, t = Halter für Tarnscheinwerfer bei Nichtgebrauch, p = 2 Schutzgläser 70 x 150 x 54, q = Stab zum Zeichengeben, n = 2 lange und ein kurzes Schutzfenster im Kasten am Beifahrersitz, u = Verbandkasten innen an der Türe, rl = Feuerlöscher hinten an linker Seitenwand.

Rechte Seitenwand – p = 2 Schutzgläser 70 x 150 x 54.

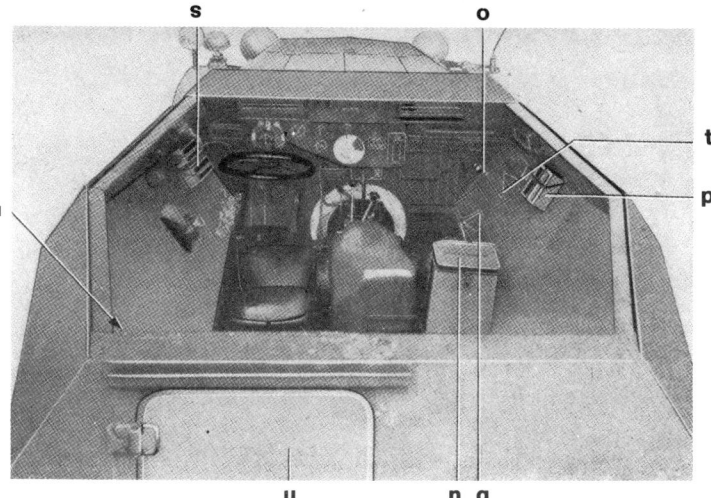

mag, Görlitz – Wegmann, Kassel – Ritscher, Hamburg und Deutsche Werke Kiel in dieses Produktionsprogramm eingeschaltet. Fahrgestelle lieferten die Firmen Demag, Werk Wetter/Ruhr und Mechanische Werke Cottbus. Die Panzerungen wurden von der Bismarckhütte in Oberschlesien beigestellt. Böhler in Kapfenberg erzielte 1942/43 einen Ausstoß von 1075 Stück Aufbauten für diese Fahrzeuge. Der Rohstoffbedarf pro Fahrzeug betrug 4563 kp legiertes und unlegiertes Eisen, der Preis pro Fahrzeug RM 20240,–. Die offizielle Bezeichnung des Fahrzeuges lautete »leichter gepanzerter Kraftwagen« (Sd. Kfz. 250). Er diente als Grundfahrzeug für alle leichten Schützenpanzerwagen. Bis 1941 liegen keine verläßlichen Produktionszahlen vor. 1942 wurden 1340 dieser Fahrzeuge hergestellt. Wie beim mittleren Fahrzeug ergab sich auch hier 1943 eine grundsätzliche Aufbauveränderung, die nunmehr glatte Panzerbleche bevorzugte. In diesem Jahr wurden 2900 leichte Schützenpanzer aller Versionen gefertigt. Die Produktion wurde 1944 eingestellt, nachdem nochmals 1690 Stück gebaut worden waren. Die Phillip Schiffswerft Ebert & Söhne in Neckarsteinach lieferte zu dieser Zeit einen Teil der Aufbauten.

Die Vielzahl der Abarten wird nun im einzelnen beschrieben: Vom leichten Schützenpanzerwagen (Sd. Kfz. 250/1) gab es zwei Ausführungen. Dabei trug die erste Ausführung eine leichte MG-Bedienung mit zwei MG 34. Davon war ein MG im Panzerschild und das andere an der rechten Seitenwand des Aufbaus untergebracht. Die Zugführer-Fahrzeuge hatten nur ein MG 34 als Ausrüstung.

Die zweite Ausführung des Sd. Kfz. 250/1 diente als Transportmittel für eine sMG-Bedienung und führte neben dem MG 34 im Panzerschild ein zweites MG an der rechten Seitenwand. Die MG-Lafette 34 wurde in einer Befestigungsvorrichtung außen am Fahrzeug mitgeführt. Das Gefechtsgewicht betrug 5380 kp.

Im Januar 1940 erfolgte ein Auftrag über einen Preßluftwerfer (Gerät 170) auf leSPW. Er verfeuerte 10,5 cm Geschosse, ca. 6 kp schwer über eine Entfernung von ca. 1000 m. Entwicklungsfirma für den Werfer waren die Skodawerke, Demag lieferte das »D 7 p« Fahrgestell mit Kompressoranlage. Das Gesamtgewicht des Fahrzeuges betrug 5,5 t. Ein Stück wurde gebaut und eine Weiterentwicklung eingeleitet, die mit einem größeren Kompressor eine Schußweitensteigerung auf 1800 m

Der ab 1943 erscheinende leichte Schützenpanzerwagen erhielt ohne Angabe einer Ausführungs-Änderung einen den Kriegsbedingungen entsprechenden **stark vereinfachten Aufbau. Bilder zeigen dieses verbesserte Fahrzeug, welches bis 1944 in Produktion verblieb.**

a v x l   a₁ o   m j r q p   w

i c f,d

b   u   e g m,b₁,h,j₁,w   c   q s a t

f,d,c₁ p j i r l

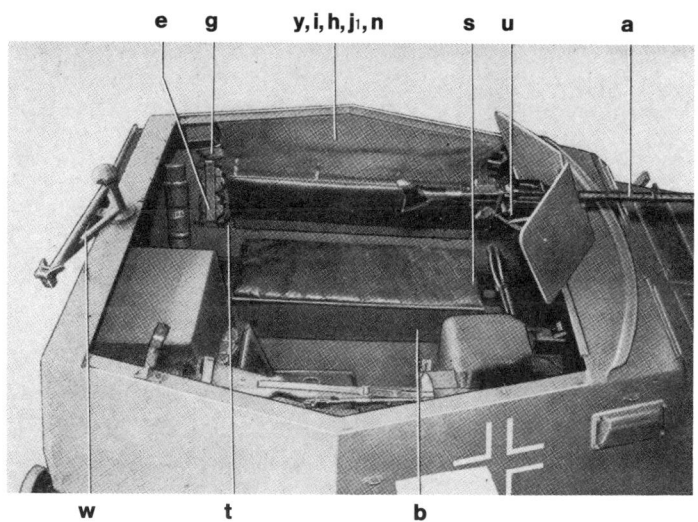

e g   y,i,h,j₁,n   s u   a

w   t   b

v   k a₁   u n,o   b

Die linke Innenseite des Sd. Kfz. 250/1 für zwei sMG-Bedienungen – b = MG-Lafette 34, u = Fliegerschwenkarm, e = Gurttrommelträger 34, g = Hülsensack 34, m, b1, h, j1, w = Bekleidungstaschen, Lafettenaufsatzstück, Laufbehälter 34, Laufschützer 34, Handwinkelfernrohr und Handscherenfernrohr im außenliegenden Gepäckkasten, c = Patronenkästen unter der Sitzbank, q = Verdeckfenster, s = Gasmaske 34, a = MG 34 im Panzerschild, t = Panzerschild, 1 = 4 Gewehre, r = Verdeckspriegel, i = Laufbehälter 34, j = Laufschützer 34, p = Verdeck, f, d, c1 = Hülsensack 34, Gurttrommelträger 34 und Patronenkästen 34 im Munitionsschrank.

Bildfolge von oben nach unten: Sd. Kfz. 250/1 für eine Gruppe mit zwei leMG – a = MG 34 im Panzerschild, v = Panzerschild, x = Funkgerät, l = MP 38, al = MG 34 an rechter Seitenwand, o = Dreibein für MG 34, m = 4 Gewehre, j = Laufschützer 34 mit Inhalt, r = Verdeck, q = Leucht- und Signalmunition im Behälter, p = Leuchtpistole, w = Fliegerschwenkarm, i = Laufbehälter 34, c = Patronenkästen 34 im Munitionsschrank, f, d = Hülsensack im Munitionsschrank, ebenso Gurttrommelträger 34.

Die linke Innenseite des Sd. Kfz. 250/1 – e = Gurttrommelträger 34, g = Hülsensack 34, y, i, h, j1, n = Handwinkelfernrohr, Handscherenfernrohr, Laufbehälter 34, Laufschützer 34 und Bekleidungstaschen im außenliegenden Gepäckkasten, s = Verdeckfenster, u = Gasmaske 34, a = MG 34 im Panzerschild, b = Patronenkästen 34 unter Sitzbank, t = Verdeckspriegel, w = Fliegerschwenkarm.

Sd. Kfz. 250/1 für zwei sMG-Bedienungen – v = Funkgerät, k = Magazintragetasche für MP 38, al = MG 34 als sMG, u = Fliegerschwenkarm, n, o = Leuchtpistole, Leucht- und Signalmunition, b = MG-Lafette 34 auf Befestigungsvorrichtung außen am Fahrzeug.

Bildfolge von oben nach unten: Die rechte Innenseite des leichten Fernsprech-Panzerwagens (Sd. Kfz. 250/2) – u = Fahrersitz, o = Panzerschild, a = MG 34, s = Satz Fernsprechgerät für »kleinen Fernsprechtrupp (mot)«, q = 4 Gewehre, k = Verdeck, j = Leucht- und Signalmunition, b = Patronenkästen 34 im Schrank, i = Leuchtpistole, p = Fliegerschwenkarm, l = Verdeckfenster, f = MP 38 mit Munition, c_1, e, g, t = Gurttrommelträger 34, Laufschützer 34, Bekleidungstaschen, Handscherenfernrohr und Handwinkelfernrohr im außenliegenden Gepäckkasten.

Die linke Innenseite des Sd. Kfz. 250/2 – m = Verdeckspriegel, c = Gurttrommelträger 34, d = Hülsensack 34, s = Fernsprechausrüstung, o = Panzerschild, n = Gasmaske 34, a = MG 34 im Panzerschild, 1 = Verdeckfenster, q = 4 Gewehre, k = Verdeck, b = Patronenkästen 34 im Schrank.

Blick auf die linke Innenseite, Rückentrage mit Trommel und Zubehörkasten (Sd. Kfz. 250/2) – c = Gurttrommelträger 34, s = Fernsprechausrüstung, n = Gasmaske 34, o = Panzerschild, a = MG 34, s = zus. Fernsprechausrüstung in außenliegenden Gepäckkästen.

Der Vorderteil des Fahrzeuginneren vom Sd. Kfz. 250/3, dem leichten Funk-Panzerwagen – l = Gasmaske 34, a = MG 34 im Panzerschild, j = MP 38, r = Funkgerät, je nach Verwendung, e, m, s = Laufschützer 34, Bekleidungstaschen, Handscherenfernrohr und Handwinkelfernrohr im Gepäckkasten.

l

Bildfolge von oben nach unten: Blick in das Sd. Kfz. 250/2 zeigt die auf dem vorderen Kotflügeln angebrachten Fernsprechkabelhalter.

Die rechte Innenseite des Sd. Kfz. 250/3 – i = 3 Gewehre, q = Funkausrüstung je nach Verwendung, g = Leucht- und Signalmunition, f = Leuchtpistole.

Die linke Innenseite des Sd. Kfz. 250/3 – d = Hülsensack 34, c = Gurttrommelträger 34, p = Verdeckfenster, c1, k, b = Gurttrommelträger 34, Kasten für 5 Nebelkerzen, Patronenkästen 34 unter der Sitzbank, n = Verdeck, o = Verdecksspiegel.

Für Führungsaufgaben wurde das Sd. Kfz. 250/3 mit weitreichender Funkausrüstung versehen und somit auch mit den an Funkfahrzeugen angebrachten Kastenantennen ausgestattet. Ein solch ausgerüstetes Fahrzeug diente als Transportmittel für Feldmarschall Rommel in Nordafrika. (unten und nächste Seite oben)

s
k
s

i   q   g   f

Die Ausführung 1943 des leichten Funkpanzerwagens (Sd. Kfz. 250/3).

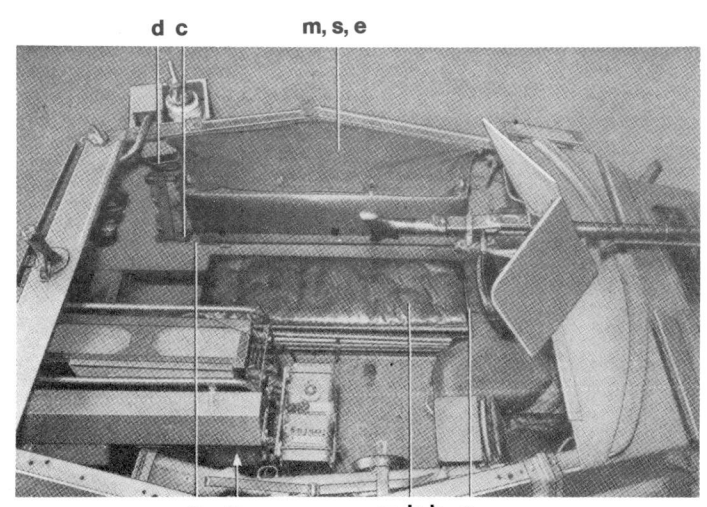

d c   m, s, e

o n   c1, k, b p

139

a

s

a   g k″ j₁ i₁ b n c e h p. p₁   o d,t,y,z l s

a

u₃   y   n₂

w   x   o   k   n₁

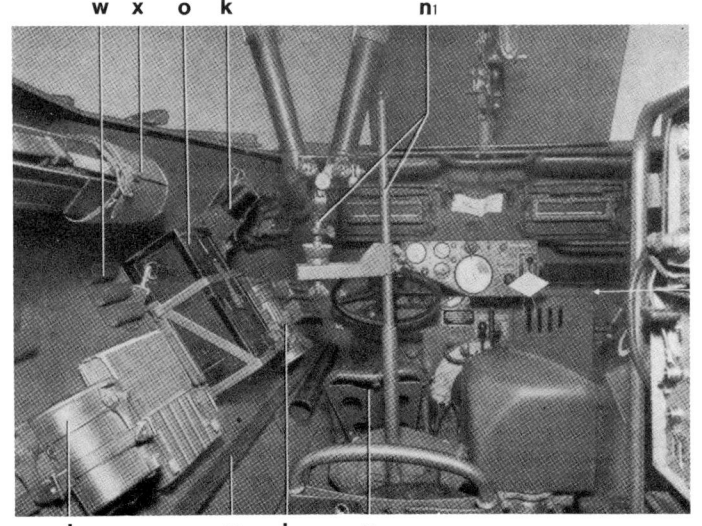

j   v   i₂   u

i   j   g g x w n₁ n₃ o k i   i₂

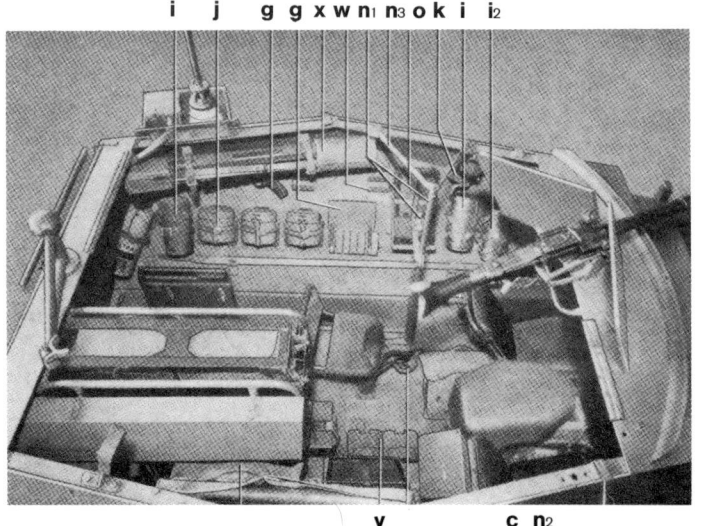

y   c n₂

Bildfolge von oben nach unten, linke Seite: Die Seitenansicht des leichten Beobachtungs-Panzerwagen (Sd. Kfz. 250/5) – a = MG 34 im Panzerschild, s = Fliegerschwenkarm auf hinterer Deckplatte.

Unten links:
Die Innenansicht des Sd. Kfz. 250/5 – w = 3 Signalflaggen, x = Gestell 40 mit Kappenbehälter für Richtkreis, o = Kasten für Richtkreis 40 mit Inhalt, K = Feldflasche, n1 = Scherenfernrohr nach Benutzung von der Fernrohrstütze, z1 = Handscherenfernrohr, hier hinter Funkgestell untergebracht, u = Verdeckfenster, i2 = Gasmaske 34, v = Verdecksspriegel, i = 2 Gasmasken.

Mitte rechts:
Die rechte Innenseite des Sd. Kfz. 250/5 – a = MG 34, g = Munition für MP 38, k1 = 3 Feldflaschen, j1 = Kochgeschirr, i1 = Gasmaske 34, b = Patronenkästen 34, n = Kasten mit Scherenfernrohr, c = Gurttrommelträger 34, e = Laufschützer 34, h = 6 Handgranaten, p1 = Funkgeräte je nach Verwendung, m = Leucht- und Signalmunition, d, t, y, z = Hülsensack 34, Verdeck, Bekleidungstaschen, Handscherenfernrohr und Handwinkelfernrohr hinter dem Funkgestell, s = Fliegerschwenkarm, q = Teil der Funkausrüstung, n2 = Zurrung für Fernrohrstütze, y = Bekleidungstaschen, n3 = Zurrung für Fernrohrstütze.

Unten rechts:
Die linke Innenseite des Sd. Kfz. 250/5 – i = Gasmaske, j = Kochgeschirr, g = MP 38 mit Munition, x = Gestell 40 mit Kappenbehälter für Richtkreis, w = 3 Signalflaggen, n1 = Scherenfernrohrstütze, n3 = Zurrung für Fernrohrstütze, o = Kasten für Richtkreis 40, k = Feldflasche, i = Gasmasken, i2 = Zurrung, c = Gurttrommelträger 34, y = Bekleidungstaschen.

Der leichte Munitions-Panzerwagen (Sd. Kfz. 250/6) Ausf. A zur Versorgung von Sturmgeschützen mit der 7,5 cm Stu-Kanone kurz – die rechte Innenseite des Fahrzeuges – g = Munition für MP 38, e = Laufschützer 34, m1 = Funkgerät je nach Verwendung, b = Patronenkästen 34, k = Einheitslaterne, 1 = Bekleidungstaschen, a = MG 34 (während des Marsches verstaut), y = Bekleidungstaschen, j = Leucht- und Signalmunition, u = Feldflaschen, v = Kochgeschirre, i = Leuchtpistole, t = Handscherenfernrohr und Handwinkelfernrohr im Gepäckkasten, o = Fliegerschwenkarm, n = 70 Schuß Munition in 35 Patronenkästen, q = Verdeck, m2 = Funkgerät, p = Panzerschild.

ergeben sollte. Der leichte Fernsprechpanzerwagen (Sd. Kfz. 250/2) hatte eine Besatzung von 4 Mann. Er diente zur Aufnahme des leichten Feldkabeltrupps 6 (gp). Vom leichten Funkpanzerwagen (Sd. Kfz. 250/3) gab es 5 Ausführungen. Folgende Funkgerätkombinationen waren möglich: I = Fu. 7 und Fu. 1 8 II = 8, Fu. 5 und Fu. Spr. f – III = Fu. 8, Fu. 4 und Fu. Spr. f – IV = Fu. 8 und Fu. Spr. f – V = Fu. 12 und Fu. Spr. f. Mit vier Mann Besatzung ergab sich ein Gefechtsgewicht von ca. 5,34 t. Über das Sd. Kfz 250/4 gibt es sich wiedersprechende offizielle Angaben. Laut D 600, Blatt 270a vom 6. 7. 1943 war diese Nummer für den leichten Truppenluftschutzpanzerwagen bereitgestellt. Laut Heer. Techn. V. Blatt 1944 Nr. 82 war es der leichte Beobachtungspanzerwagen. Bei dem gepanzerten Artillerie Beobachtungswagen auf »D 7 p« Fahrgestell gab es im März 1940 Anlaufschwierigkeiten, da es sich um eine Neukonstruktion handelte. Offensichtlich wurde das Truppenluftschutz Fahrzeug nicht eingeführt. Der leichte Beobachtungspanzerwagen, der später als Sd. Kfz. 250/5 erschien, hatte 4 Mann Besatzung und ein Fu. 12 zusammen mit einem Fu. Spr. f. Spätere Ausführungen hatten einen Satz Fu. 8 SE 30 und einen Satz Fu. 4. Obiges Heer. Techn. V. Blatt weist das Sd. Kfz. 250/3 als leichten Aufklärungspanzerwagen aus. Der leichte Beobachtungspanzerwagen ersetzte ab 1943 das frühere Sd. Kfz. 253. 1942 forderte die AHA/In 6 die Firma Büssing-NAG auf, einen leichten Schützenpanzer mit schwerem Wurfgerät zu entwickeln. Der Auftrag wurde

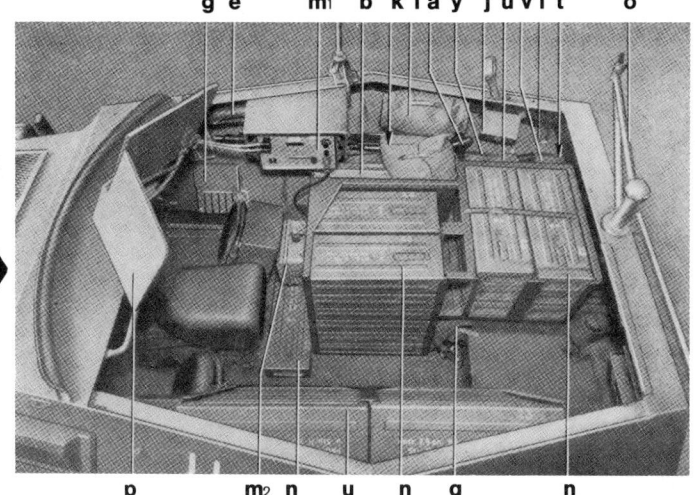

g e   m1   b k l a y   j u v i t   o

p   m2 n   u   n   q   n

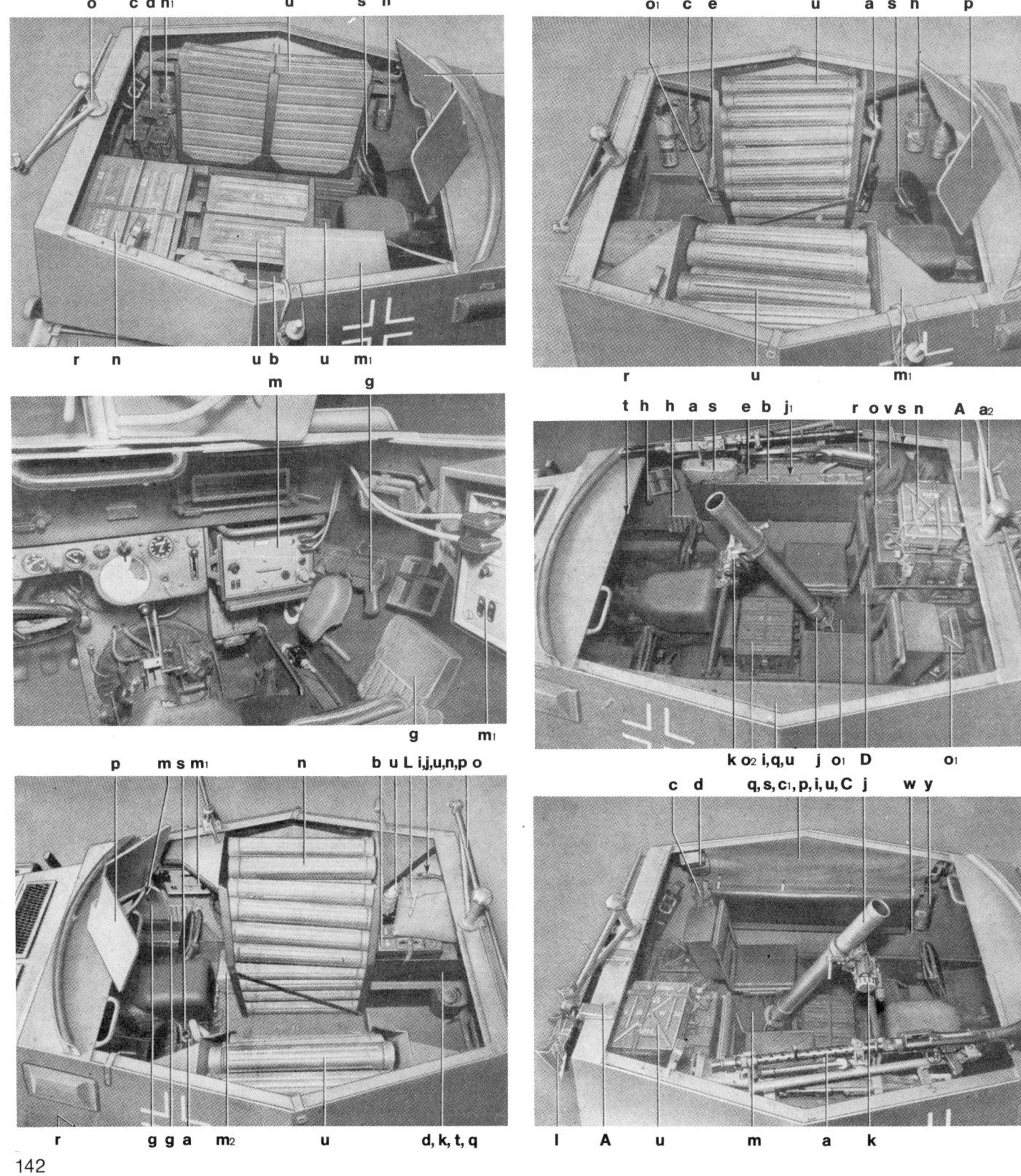

Bildfolge jeweils von oben nach unten: Die linke Innenseite der Ausf. A des Sd. Kfz. 250/6 – o = Fliegerschwenkarm, c = Gurttrommelträger 34, d = Hülsensack 34, h1 = Gasmaske, n = 70 Schuß 7,5 cm Munition in 35 Patronenkästen, s = Verdeckfenster, p = Panzerschild, m1 = Funkgerät, b = Patronenkästen 34, r = Verdecksspiegel. (oben links)

Die Innenansicht des Sd. Kfz. 250/6 – m, m1 = Funkgeräte, g = MP 38 mit Munition. (mitte links)

Der leichte Munitions-Panzerwagen (Sd. Kfz. 250/6) Ausf. B zur Versorgung von Sturmgeschützen mit der 7,5 cm Stu-Kanone 40 – die rechte Innenseite des Fahrzeuges – p = Panzerschild, m = Funkgerät, s = Verdeckfenster, n = 60 Schuß 7,5cm Munition in Granatbehältern, b = Patronenkästen 34, v = 2 Kochgeschirre, 1 = Bekleidungstaschen, i, j = Leuchtpistole mit Munition, u, w = Feldflaschen, Schutzfenster, o = Fliegerschwenkarm, d, k, t, q = Hülsensack 34, Einheitslaterne, Handwinkelfernrohr und Handscherenfernrohr, Verdeck, a = MG 34 (verstaut) g = MP 38 mit Munition. (unten links)

Die linke Innenseite des Sd. Kfz. 250/6 Ausf. B – c = Gurttrommelträger 34, e = Laufschützer 34, n = 7,5 cm Munition, a = MG 34 (verstaut), s = Verdeckfenster, h = Gasmaske, p = Panzerschild, ml = Funkgeräte, r = Verdecksspiegel im Zubehörkasten auf dem rechten Kotflügel. (oben rechts)

Sd. Kfz. 250/7 für einen schweren Granatwerfer-Trupp, rechte Innenseite – t = Funkgerät, h = Munition für MP 38, a = MG 34 (verstaut), s = Bekleidungstaschen, e = Laufschützer 34, b = Patronenkästen 34, j1 = Rohr mit Verschluß, r = 3 Gewehre, o = 21 Munitionskästen, v = Verdeck, n = Munitionskasten mit Tragevorrichtung, A = Befestigungsvorrichtung für Bodenplatte (außen am Fahrzeug), D = Patronenkasten für Öl und Gerät für Granatwerfer, m = Spezialbodenplatte auf dem Boden des Fahrzeuges, j = Rohr des Granatwerfers, k = Zweibein. (mitte rechts)

Die linke Innenseite des Sd. Kfz. 250/7 – c = Gurttrommelträger, d = Hülsensack 34, w = Verdecksspiegel, y = Gasmaske. (unten rechts)

im März 1942 erteilt und ein Entwicklungsstück gefertigt. Das Fahrzeug ging nicht in Produktion.

Vom leichten Munitionspanzerwagen (Sd. Kfz. 250/6), der ab 1943 das Sd. Kfz. 252 ersetzte, gab es zwei Ausführungen. Ausführung A führte einen Munitionsvorrat von 70 Schuß für die kurze 7,5cm Stuk L/24 mit, während Ausführung B 60 Schuß der langen 7,5 cm Stuk L/48 beförderte. Ausführung A wog 5,94t, Ausführung B dagegen 6,09t. Zwei Mann Besatzung waren vorhanden. Zwei Ausführungen gab es auch vom leichten Schützenpanzerwagen (s GrW) (Sd. Kfz. 250/7). Während eine Ausführung den 8cm Granatwerfer und 5 Mann Besatzung trug, beförderte die andere als Munitionswagen 66 Schuß Granatwerfermunition. Die Munitionsfahrzeuge führten fernerhin einen Entfernungsmesser mit. Der »Kanonenwagen« oder leichte Schützenpanzerwagen (7,5cm) (Sd. Kfz. 250/8) diente als Unterstützungsfahrzeug und war mit der 7,5cm K 51 L/24 ausgerüstet. Die Feuerhöhe betrug 1860mm. 20 Schuß Munition konnten mitgeführt werden. Das Gefechtsgewicht betrug 6,3t. Der Geschützschild war vorne mit 14,5 und seitlich mit 10mm gepanzert. Drei Mann Besatzung waren vorgesehen. Das Heer. Techn. V. Blatt 1943 Nr. 466 erwähnte die Einführung des Sd. Kfz. 250/8 am 10. 11. 1943. Zuweisung der Fahrzeuge erfolgte durch das O. K. H. In 6. Anforderungen der Truppe wären vorzulegen. Die Panzer-Aufklärungs-Abteilungen der Panzerdivisionen waren auf Grund der schlechten Fahrzeuglage vernachlässigt worden. Die sonst so brauchbaren Radfahrzeuge hatten in Rußland weitgehendst versagt. Vollketten-Aufklärungsfahrzeuge standen in nur begrenzten Stückzahlen zur Verfügung. Guderian fordert 1943 eine leistungsfähige Erdaufklärung. Dazu wäre eine genügende Zahl leichter Panzergrenadier-Wagen 1t erforderlich.

Darauf veranlaßte das Waffenamt die Firma Gustav Appel den leichten Schützenpanzerwagen mit der 2cm Sockellafette 38 des Sd. Kfz. 222 auszustatten. Im Juli 1942 befanden sich drei Versuchsstücke an der Ostfront zur Erprobung.

Eine erste Serie von 30 Fahrzeugen befand sich zu dieser Zeit bereits in Fertigung. Diese Serie wurde jedoch auf Grund eines im März 1942 vom Waffenamt erteilten Auftrages von der Firma Appel mit der 2cm Hängela-

a₁ t h s a s b e,B r v z₂ u z₁ s a₂ A

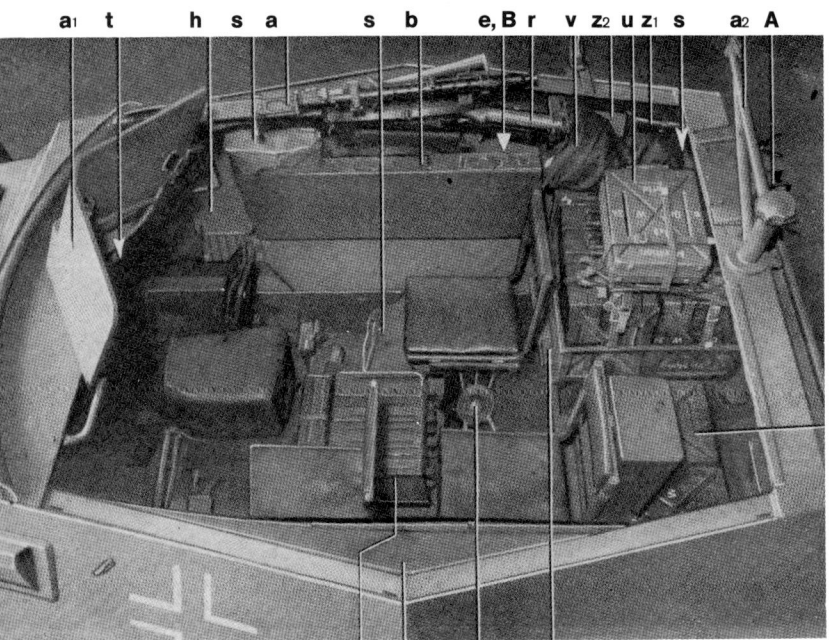

o₂ P, c₁, C m D

c d u q, p, c₁, z₁, i s z c y w

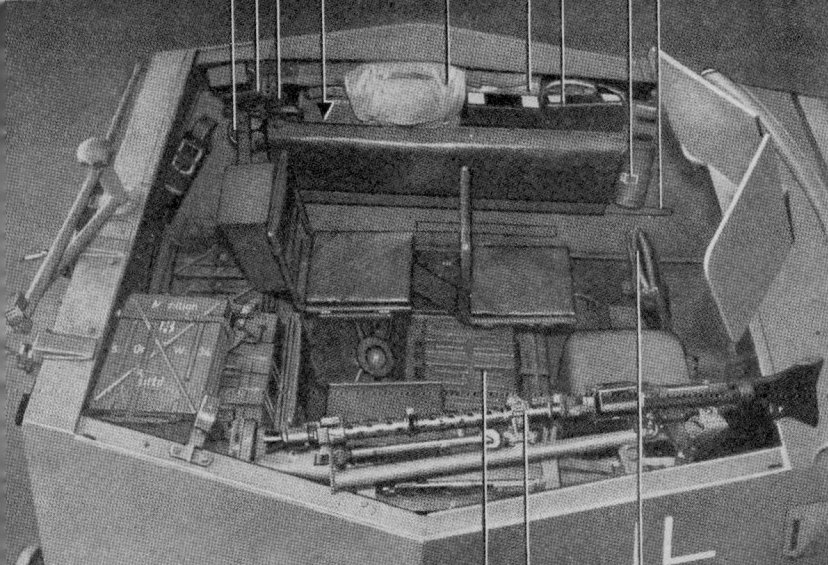

o₂ a x

Der leichte Schützenpanzerwagen (7,5 cm) (Sd. Kfz. 250/8), das schwere Unterstützungsfahrzeug der Panzergrenadiere.

Bildfolge von oben nach unten linke Seite: Die Außenansicht des Fahrzeuges Sd. Kfz. 250/7 mit Blick auf Bodenplatte und Tragevorrichtung.

Die rechte und linke Innenseite des Munitionsfahrzeuges Sd. Kfz. 250/7. B = Handscherenfernrohr und Handwinkelfernrohr in den Gepäckkästen, z1 und z2 = Leuchtpistole und Munition, u = Einheitslaterne, x = Verdeckfenster

Die linke und rechte Außenansicht des leichten Schützenpanzerwagen (2 cm) (Sd. Kfz. 250/9) g= Stahldrahtseil, b = Drahtschere, g1 =Ölkanister, U = Einfülltrichter, a = Handschmierkanne, y = Rohrmündungsschoner, v = 2 cm KwK 38 auf Sockellafette, h = Stahldrahtseil, 1 = Kreuzhacke, d = Schutzhülle für Kanone und MG, k = Zündschnüre für Sprengbüchse, J = Funkeinrichtung, x = Vorratstasche für 2 cm Kanone, c1 = Klettersporne, y = Handleuchte, q = Vorratskasten für eiserne Ration, z = Reinigungskasten 2 cm Kanone, f = 4 Sprengmittel, a = Andrehkurbel, m = Benzinkanister, j = Einstiegtüre.

Fahrzeug mit dem Panzerkasten 1943 und der Hängelafette 38

b U,a₁ y v u l d

J v y x

m h a f z q c₁,y

fette 38 ausgerüstet. Diese Lafette diente zur Aufnahme einer 2 cm KwK 38 und eines MG 42, welche miteinander gekuppelt waren. Die Hängelafette 38 wurde auch für andere Sonderkraftfahrzeuge (Sd. Kfz. 140/1 und 234/1) verwendet. Beide Waffen ließen sich gemeinsam oder auch einzeln abfeuern. Es konnten Erd- und Flugziele angerichtet werden. Zur Bekämpfung von Erdzielen war ein Turmzielfernrohr 3a (TZF 3a) vorhanden. Über der Optik befand sich zum Grobvisieren eine Einrichtung, welche aus Kimme, Visierstange und Kreiskorn bestand. Mit Außenmaßen 1850 x 1500 x 1250 mm betrug das Gewicht der Lafette ohne eingelagerten Waffen 540 kp. Das Höhenrichtfeld ging von –4° bis +70°, 360° Seitenrichtbereich waren gegeben. Nach oben wurde die Lafette durch ein am Schutzschild angebrachtes, nach rechts und links aufklappbares Schutzgitter abgedeckt. Beide Schutzgitterteile hatten nach hinten abklappbare Bügel, die in jeweiliger Stellung verriegelt werden konnten, um ein völliges Abdekken des Kampfraumes mit einer dazugehörigen Plane zu ermöglichen. An der Rückseite der Lafette waren zwei Sitzhalterohre angeschweißt, welche die höhenverstellbaren Sitze aufnahmen. Funkausrüstung und Antenne waren am Schutzschild befestigt.

100 Schuß KwK Munition konnten mitgeführt werden. Mit drei Mann Besatzung hatte der »leichte Schützenpanzerwagen (2 cm)« (Sd. Kfz. 250/9) ein Gefechtsgewicht von 5,9 t.

Die Fahrzeuge standen bis Kriegsende im Truppengebrauch.

Führerfahrzeuge erhielten wiederum die 3,7 cm Pak aufgebaut. Als leichte Schützenpanzerwagen (3,7 cm Pak) (Sd. Kfz. 250/10) hatten sie vier Mann Besatzung und ein Gefechtsgewicht von 5,67 t. Die Feuerhöhe betrug 1855 mm. Nach der Seite war das Richtfeld auf ±30° beschränkt, während die Höhe von +25° bis –8° reichte. 216 Schuß wurden für die 3,7 cm Pak mitgeführt. Vorübergehend wurde auch der leichte Schützenpanzerwagen (s Pz B 41) (Sd. Kfz. 250/11) eingesetzt. Bei 6 Mann Besatzung und 5,53 t Gefechtsgewicht wurde die schwere Panzerbüchse 41 bei einer Feuerhöhe von 1875 mm eingebaut. 168 Schuß Munition waren am Fahrzeug vorhanden. Als Abschluß der offiziellen Typenliste erschien bis 1943 der leichte Meßtrupp-Panzerwagen (Sd. Kfz. 250/12). 3 bis 5 Mann Besatzung wa-

145

Bildfolge von oben nach unten: Leichter Schützenpanzerwagen (3,7 cm Pak) (Sd. Kfz. 250/10) – Die Gesamtansicht des Fahrzeuges

Die rechte und linke Innenseite des Sd. Kfz. 250/10 – h = 2 MP 38, b2 = 6 Munitionskörbe, p = Überzug für Pak, g = Gewehr für Fahrer, 1 = Verdeck, e = Leucht- und Signalmunition, c = Ergängzungskasten mit Reinigungsgerät, d = Leuchtpistole, b1 = 2 Munitionskörbe, b = 6 Munitionskörbe, f = Handwinkelfernrohr, o = Handscherenfernrohr, j = Bekleidungstaschen, a = 3,7 cm Pak, k = Funkgerät, n = Verdeckfenster, m = Verdecksspiegel (links mitte und unten)

Der Innenraum des Sd. Kfz. 250/10 – i = Gasmaske 34

h   b₂ p g l e c d b₁

f, o, j   b

a   k   h

c

f, j, o   l   b₂   h

Ein Sd. Kfz. 250/11 mit schwerer Panzerbüchse 41 der Division »Großdeutschland« ➤

o, j, f   a

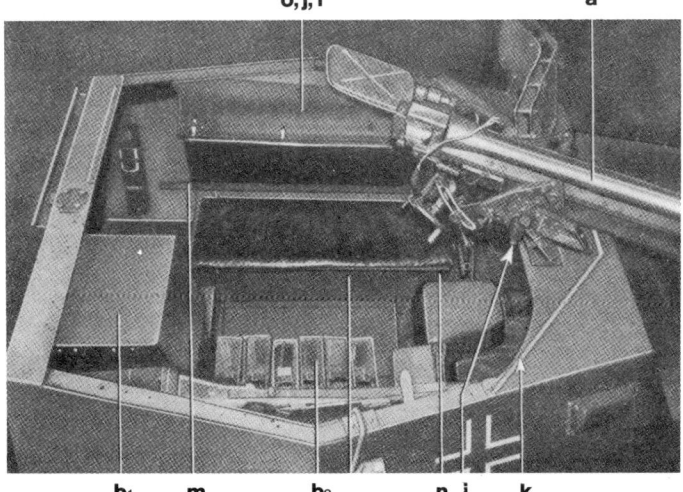

b₁   m   b₂   n j   k

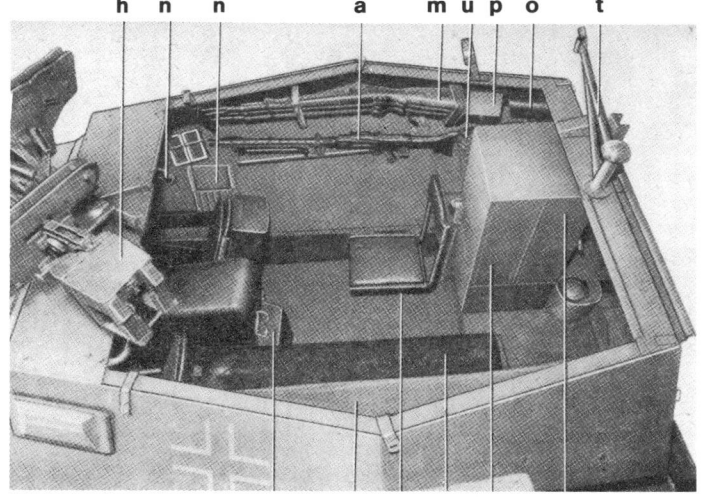

Blick auf die leichte Feldlafette außen am Heck (oben)

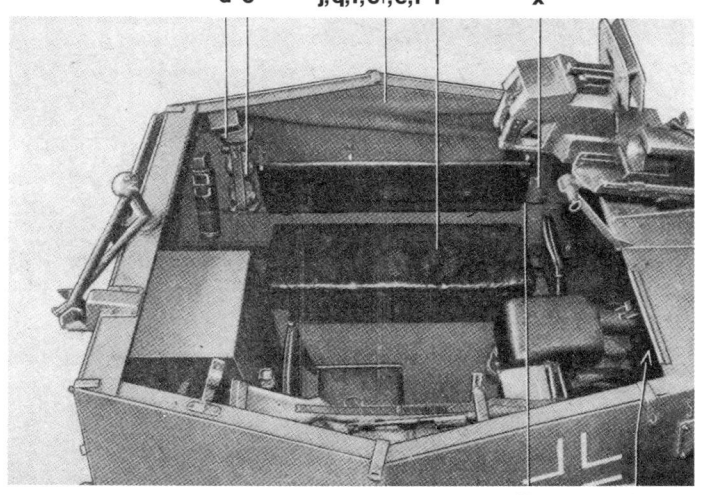

Die rechte Außenseite des Sd. Kfz. 250/11 – l = leichte Feldlafette für s. Pz. Büchse, u = Verdeck, h = schwere Panzerbüchse 41, l1 = Sporn für Feldlafette (oben links)

Die rechte und linke Innenseite des Sd. Kfz. 250/11 – n = 2 MP 38, a = MG 34, m = Gewehre, p = Leucht- und Signalmunition, o = Leuchtpistole, t = Fliegerschwenkarm, b = Patronenkästen 34, i, i1, i2 = zus. 15 Patronenkästen für sPzBü., e = Laufschützer 34, c = Gurttrommelträger, k = Überzug für Geschütz, d = Hülsensack 34, x = Gasmaske 34, j = Reinigungsgerät für s Pz Pü., q = Einheitslaterne, r = Bekleidungstaschen, y = Handscherenfernrohr und Handwinkelfernrohr, s = Funkausrüstung, v = Verdeckspiegel (links)

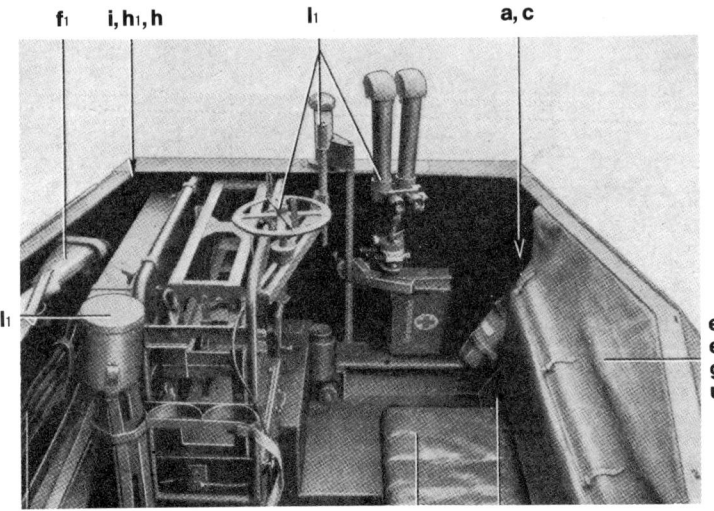

Außer den serienmäßigen Abarten ergaben sich durch Truppenumbauten Lösungen, die den gegebenen Anforderungen Rechnung trugen. Bild zeigt ein Fahrzeug der letzten Ausführung mit aufgebauter 5 cm Pak 38. Das Fahrzeug ist noch heute in Jugoslawien ausgestellt.

Links, von oben nach unten: Der leichte Meßtrupp-Panzerwagen (Sd. Kfz. 250/12) – Blick in das Heck und den Bug des Fahrzeuges. Die dritte Aufnahme zeigt die rechte Innenseite des Panzerfahrzeuges – l1 = Sonderausrüstung für den leichten Meßtrupp-Panzerwagen, f1 = 4 Gewehre, i = Verdeck, h, h1 = Leucht- und Signalmunition mit Leuchtpistole, d = Hülsensack 34, c, c1 = Gurttrommelträger 34, e = Laufschützer 34, g = Bekleidungstaschen, n = Handscherenfernrohr und Handwinkelfernrohr (im Gepäckkasten), k = Verdeckspriegel, b = Patronenkästen 34, a = MG 34, 1 = Gasmaske 34, f = MP 38 und Munition, m1 = Panzerschild, j = Verdeckfenster.

Die auf dem gleichen Fahrgestell basierenden Sd. Kfz. 10 und Sd. Kfz. 253 beim Einsatz in Frankreich 1940. Sie dienten als Unterstützungsfahrzeuge der schweren Einheit einer Panzerdivision mit Sf-15 cm sIG auf Fgst. Panzer I.

Zur Ausbildung bei der Truppe, hier der Unteroffizierschule in Sternberg/Ostsudetenland dienten leichte Panzergrenadierwagen welche mit Holzgasanlagen ausgerüstet waren. Die Fahrzeuge wurden für Fahrschulzwecke verwendet.

Für die 1940 neu aufgestellten Sturmgeschütz-Einheiten wurden zwei Abarten des leichten Schützenpanzer-wagens entwickelt, um Führungs- und Versorgungsaufgaben zu übernehmen. Die Vierseitenansicht des leich-ten gepanzerten Munitions-Transportkraftwagens (Sd. Kfz. 252) zeigt neben dem unveränderten Fahrgestell den oben geschlossenen Aufbau des Fahrzeuges.

Als Beobachtungsfahrzeug der Sturmgeschütz-Einheiten stand ebenfalls 1940 der leichte gepanzerte Beobachtungskraftwagen (Sd. Kfz. 253) zur Verfügung. Auch dieses Fahrzeug war oben geschlossen. Damit schloß sich die Reihe der Abarten der Fahrzeuge auf der Basis der leichten Schützenpanzerwagen.

ren vorgesehen. Spezialausrüstung und ein Satz Fu. 8 SE 30 waren eingebaut. Unter Beweglichmachung aller verfügbaren Panzerabwehrwaffen erschienen gegen Ende des Krieges Einzelausführungen des leichten Schützenpanzerwagens mit aufgebauter Oberlafette der 5 cm Räderpak.

Für die ab 1939 aufzustellenden Sturmgeschütz-Abteilungen wurden gepanzerte Versorgungsfahrzeuge gefordert. Unter Verwendung des Demag »D 7 p« Fahrgestells entwickelte die Waggonfabrik Wegmann in Kassel zwei verschiedene Panzeraufbauten. Die erste Ausführung war als Munitionsfahrzeug ausgelegt und diente zur Gefechtsfeldversorgung der Sturmgeschütz Einheiten. Normalerweise zogen diese leichten gepanzerten Munitions Transportkraftwagen (Sd. Kfz. 252) den einachsigen Munitionsanhänger (Sd. Ah. 32). Das Gesamtzug waren vorgesehen, es war keine fixe Bewaffnung eingebaut. Die Serie war am 6. Oktober 1941 ausgeliefert. Ebenfalls für den Einsatz mit Sturmgeschütz-Einheiten bestimmt war der leichte gepanzerte Beobachtungskraftwagen (Sd. Kfz. 253). Bei gleichem Gewicht wurden nunmehr 4 Besatzungsmitglieder befördert. Ein 10 Watt Sender h, 2 UKW Empfänger h, sowie 1 absetzbares Tornister-Funkgerät h wurden mitgeführt. Beide Sonderfahrzeuge hatten oben geschlossene Aufbauten.

Leichte Schützenpanzerwagen deutscher Herkunft erschienen nach Ende des Krieges auch bei der Tschechischen Volksarmee. Nachfolgemuster für die leichten und mittleren Schützenpanzerwagen wurden bereits seit 1939 erwogen. Als Ersatz für die 3-t-Halbketten Baureihe schlugen die Hanomag und Demag die »HK. 600« Baureihe vor. Der Typ »HK. 601« war als Ersatz für den Zugkraftwagen 1 t gedacht. Als Ersatz für den leichten SPW »D 7 p« und den mittleren SPW »H kl 6 p« war der Typ »HKp 602« gedacht, von dem 1942 3 + 9 Fahr-

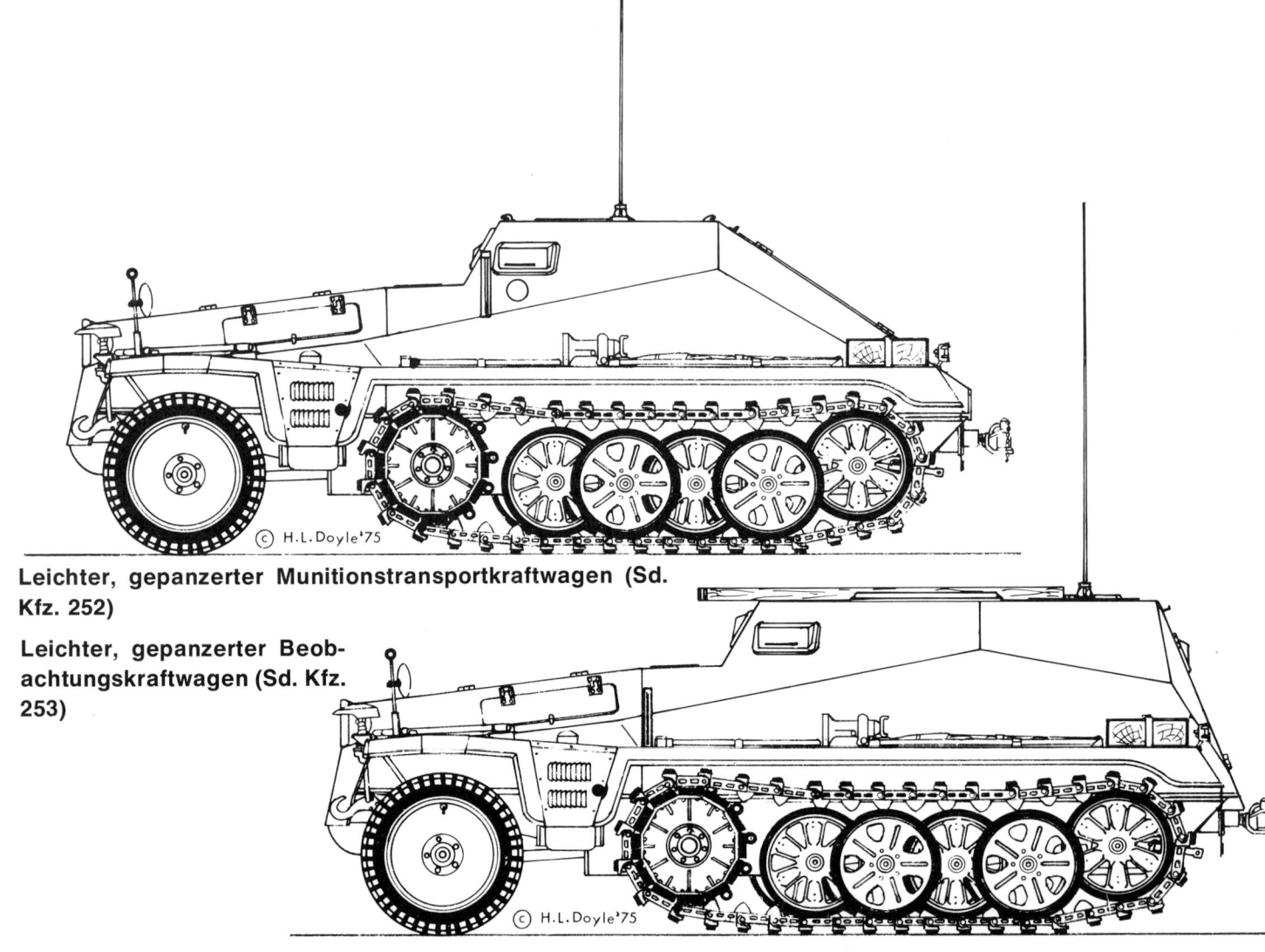

Leichter, gepanzerter Munitionstransportkraftwagen (Sd. Kfz. 252)

Leichter, gepanzerter Beobachtungskraftwagen (Sd. Kfz. 253)

Den Abschluß der HKp 600 Baureihe bildete der 1941 entwickelte Prototyp der Demag, die diesen Einheitswagen vorstellte. Die Typenbezeichnung lautete »HKp 606«. Die Bilder zeigen die Vorder- und Seitenansicht des Fahrzeuges.

Innerhalb der 3-t-Halbketten- und HK. 600 Baureihe ergab sich 1941 der von der Firma Hanomag geschaffene Prototyp »HKp 603«.

1941 folgte der teilweise gepanzerte Typ »HK. 605« der von der Demag entwickelt, 1942 als Projekt »HKp 607« von der Hanomag weitergeführt wurde.

Aus Bauteilen des »Raupenschleppers Ost« baute die Klöckner-Humboldt-Deutz AG unmittelbar nach Kriegsende den Typ »RS 1500-Waldschlepper« der Fahrzeugserie 9314-16. Eines der letzten Halbkettenfahrzeuge.

zeuge im Auftrag waren. Das Gesamtgewicht lag bei 7,5 t, als Triebwerk war der Maybach »HL 45« vorgesehen. Die Frontpanzerung war mit 14 mm festgelegt. 12 Mann Besatzung waren vorgesehen. Die Hanomag hatte außerdem den Typ »HKp 603« in Entwicklung und als Prototyp gebaut, er war eine verbesserte Ausführung des »H kl 6 p«. Wiederum war der Sechszylinder Maybach »HL 45 Z« mit 120 PS eingebaut. Das Gesamtgewicht betrug 8 t. Eine teilweise gepanzerte Ausführung wurde von der DEMAG 1941/42 als Typ »HK. 605« geschaffen, die für ein Gesamtgewicht von 6,8 t ausgelegt war. Ein Maybach OLVAR Getriebe und Argus Scheibenbremsen waren vorgesehen. Gleichzeitig entwickelte die Hanomag ein etwas schwereres Fahrzeug mit der Typenbezeichnung »HKp 607«. Dessen Gefechtsgewicht betrug 9,5 t. Beide Fahrzeuge hatten den Maybach »HL 50« mit 170 PS zum Einbau vorgesehen. Abschließend wurde von der Demag, Werk Wetter/Ruhr der Schützenpanzer Typ »HKp. 606« als Prototyp entwickelt, der alle vorhandenen früheren SPW Typen ablösen sollte. Wiederum sollten moderne Fahrzeugkomponenten wie automatisches Getriebe und Scheibenbremsen zum Einbau kommen. Das Gesamtgewicht lag bei 7 t. Der eingebaute »HL 50« Motor verlieh dem Fahrzeug eine Höchstgeschwindigkeit von 70 km/h.

Guderians Forderung, letzten Endes nur noch den mittleren SPW (Sd. Kfz. 251) in Großserie ohne Änderung weiterzubauen, war weitblickend und richtig. Sie erlaubte eine einigermaßen ausreichende Versorgung der Truppe mit gepanzerten Begleitfahrzeugen. Selbst wenn die ursprüngliche Lösung als Behelf betrachtet werden muß, so hatte das Deutsche Heer jedoch zum ersten Male im Rahmen der Panzerdivisionen gepanzerte, geländegängige Fahrzeuge für seine Infanterie zur Verfügung. Die Nachteile der technischen Lösung in Bezug auf Kompliziertheit der Fahrzeuge, ihre unzureichende Geländegängigkeit im Vergleich zu den Panzerkampfwagen und ihre Schußempfindlichkeit wurden größtenteils durch fortschrittliche Einsatzprinzipien aufgehoben. Als Endlösung erstrebte man jedoch ein vollgepanzertes Vollkettenfahrzeug als vollwertiges Begleitfahrzeug der Panzer. Derartige Untersuchungen wurden gegen Ende des Krieges mit Panzer 38 (t)-Komponenten angestellt.

Technische Daten ▶

155

Bezeichnung des Fahrzeuges	Benz-Bräuer Kraftprotze	Marienwagen II	Gleiskettenmaschine
Typ	KP	ALZ 13	MSZ 201
Hersteller	Benz & Cie	Daimler-Motoren-Ges.	J. A. Maffei AG
Baujahr	1918	1918–1919	1930–1931
Informationsquelle	Daimler-Benz Archiv	Daimler-Benz Archiv	Maffei Zeichnung ZM 16334
Motor			
Hersteller, Typ	Benz »S 125«	Daimler »La 1264«	Magirus »V 100«
Zylinderanzahl, Anordnung	4, Reihe	4, Reihe	4, Reihe
Bohrung/Hub (mm)	125 x 150	120 x 160	100 x 150
Hubraum (ccm)	7362	7240	4712
Verdichtungsverhältnis	4 : 1	4 : 1	5,38 : 1
Drehzahl (U/min)	1100	100	1600
Höchstleistung (PS)	45	50	57
Ventilanordnung	stehend	hängend	stehend
Kurbelwellenlager	3	3	3 Geleit-
Vergaser	1 Zenith	1 Daimler Kolben-	1 Orkan U 40
Zündfolge	1-3-4-2	1-3-4-2	1-2-4-3
Anlasser	von Hand	von Hand	Bosch BIG 1,2/12
Lichtmaschine		Bosch	Bosch RK 100/12-700
Batterie: Anzahl/Volt/Ah	–	1/6	1/12/60
Kraftstofförderung	Unterdruck	Unterdruck	Gefälle
Kühlung	Wasser	Wasser	Wasser
Kupplung	Mehrscheiben, naß	Kegel-	Mehrscheiben, tr.
Getriebe	Schubvorgelege	Schubvorgelege	Schub + Maybach Schnellgg.
Anzahl der Gänge V/R	4/1	4/1	5/1
Treibende Räder	hinten	hinten	hinten
Triebachsenübersetzung			1 : 8, 87
Höchstgeschwindigkeit (km/h)	30	10	51,7 mit Schnellgang
Fahrbereich (km)			
Vorderachse	Starrachse	Starrachse	Starrachse
Art der Lenkung	Schnecken-	Schraubenspindel-	Schraubenspindel-
Wendekreis ø (m)			12,8
Federung vorne/hinten	Halbfedern, längs/Ausleger	Halbfedern, längs/Schrauben	Halbfedern, längs
Fahrgestellschmiersystem	Einzel	Einzel	Hochdruck
Bremsanlage			
Hersteller	Benz & Cie	Daimler	Bosch-Dewandre
Wirkungsweise	mechanisch	mechanisch	Saugluft
Bremsart	Backen	Backen	Innenbacken
Fußbremse wirkt auf	Getriebe = Außenbacken	Getriebe = Außenbacken	Hinterräder
Handbremse wirkt auf	Hinterräder = Innenbacken	Antrieb = Innenbacken	Hinterräder
Art der Räder	Holzspeichen	Stahlgußspeichen	Stahlblechscheiben
Reifengröße vorne/hinten	1100 x 120/1200 x 130	vorne ø 860 mm	32 x 6/x 2
Spurweite vorne/hinten (mm)	1550/1350 – Kette 1780	1686/1620	1455/1424
Radstand (mm)	2550	4285	2870
Kettenauflagelänge (mm)	2835	2020	1250
Kettenbreite (mm)	240	320	300
Bodenfreiheit (mm)	Räder 290/Ketten 360	300	235
Länge x Breite x Höhe (mm)	5010 x 2160 x 2000	6530 x 2010 x 3000	4550 x 2000 x 2320 '
zul. Gesamtgewicht (kp)	5600	10 000	5420
Nutzlast (kp)	2500	bis 6000	1000
Sitzplätze	8–10	2–3	1 – 9
Kraftstoffverbrauch (l/100 km)			38
Kraftstoffvorrat (ltr)			
Leistungen steigt	30 %	50 %	59 %
klettert (mm)			
watet (mm)			
überschreitet (mm)			
Bemerkungen			

leichter Zugkraftwagen 1 t	leichter Zugkraftwagen 1 t	leichter Zugkraftwagen 1 t	leichter Zugkraftwagen 3 t
(Sd. Kfz. 10)	(Sd. Kfz. 10)	(HK. 601)	(HK. 600)
D 6	D 7	HK. 601	HL kl 3
Demag AG	Demag, Adler, Saurer, Büssing-NAG	Demag AG	Hansa Lloyd Goliath AG
1937–1938	1938–1944	1940–1942	1936
D 672/1 vom 2. 12. 1940	D 672/5 vom 8. 8. 1940	Handbuch WaA, Blatt D 9 vom Juli 1942	Borgward Unterlagen
Maybach »NL 38 TRKM«	Maybach »HL 42 TRKM«	Maybach »HL 45 Z«	Hansa Lloyd Goliath »L 3500 L«
6, Reihe	6, Reihe	6, Reihe	6, Reihe
90 x 100	90 x 110	95 x 110	82 x 110
3791	4199	4678	3485
6,6 : 1	6,6 : 1	6,7 : 1	6 : 1
2400	2800	3800	3200
83	100	147	71
	hängend		hängend
	8 Gleit-		4 Gleit-
	1 Solex 40 JFF II		1 Solex 40 BFH
	1-5-3-6-2-4		1-5-3-6-2-4
Bosch BJH 1,4/12	Bosch EJD 1,8/12	Bosch EJD 1,8/12	Bosch GJ
Bosch RKC 130/12-825	Bosch RKCN 300/12-1300	Bosch RKCN 300/12-1300	Bosch RJG
1/12/94	1/12/94	1/12/75	1/12/90
	Solexpumpe nach Maybachzeichnung 224534/1		Pumpe
	Wasser		Wasser
Mehrscheiben, trocken	Zweischeiben, tr. F & S PF 220 K	Zweischeiben, trocken	Einscheiben, trocken
Demag/Adler Schub-	Maybach »SRG 102128H« Variorex	Maybach »VG 102128 H« Variorex	Hansa Lloyd Goliath Schubvorgelege
6/1	7/3	8/3	4/1 x 2
Ketten, vorne	Ketten, vorne	Ketten, vorne	Ketten, vorne
			1 : 9,8
—			50
50	65	65	
230/130	S = 285/G = 150		
	Starrachse		Starrachse
ZF Cletrac, hydr.	ZF Cletrac, mech.	ZF Ross	Spindel-
9,0	9,0	10,0	
	Blattfeder, quer/Drehstäbe quer		Blattfeder, quer/Drehstäbe quer
	Hochdruck und Zentral-		Hochdruck
	A. Teves		Deutsche Perrot
	hydraulisch		mechanisch
	Innenbacken		Innenbacken
	Antriebsräder		Antriebsräder
	Lenkbremse		Lenkbremsen
	Stahlblechscheiben		Stahlblechscheiben
6,00 Tr-20	6,00 Tr-20 (Laufrollen 550 x 45–479)	190-18	6,50–20
1630/1580	1630/1580	1700/1620	1400/1300
2430	2430	2680	
1470	1470	1800	1200
240	240	280	280
325	325	350	350
4721 x 1824 x 1750	4750 x 1840 x 1620	5545 x 2100 x 2000	4900 x 1730 x 1950
3850	499	6300	5000
1200	1500	2800	1450
8	8	6	2 + 6
40	40		5 = 45/G = 75
110	110		100
24°	24°	24°	24°
—			—
700	700		500
1500	1500		—

157

Bezeichnung des Fahrzeuges	leichter Zugkraftwagen 3 t (Sd. Kfz. 11)	leichter Zugkraftwagen 3 t (Sd. Kfz. 11)	Geländelastwagen LR 75
Typ	HL kl 5	HL kl 6	Daimler-Benz AG
Hersteller	Borgward GmbH.	Borgward, Hanomag, Adler, Horch, Skoda	1937–1938
Baujahr	1937–1938	1938–1945	Daimler-Benz Archiv
Informationsquelle	Borgward Unterlagen	D 660/2 vom 1. 8. 1943	

Motor

Hersteller, Typ	Hansa Lloyd Goliath »L 3500 L«	Maybach »HL 42 TUKRM und TUKRRM*	Daimler-Benz »M 18
Zylinderanzahl, Anordnung	6, Reihe	6, Reihe	6, Reihe
Bohrung/Hub (mm)	82 x 110	90 x 100	78 x 100
Hubraum (ccm)	3485	4170	2867
Verdichtungsverhältnis	6 : 1	6,7 : 1	6,5 : 1
Drehzahl (U/min)	3200	2800	3650
Höchstleistung (PS)	71	100	68
Ventilanordnung	hängend	hängend	stehend
Kurbelwellenlager	4 Gleit-	8 Gleit-	7 Gleit-
Vergaser	1 Solex 40 BFH	1 Solex 40 JFF II	1 Solex 35 BFVLS
Zündfolge	1-5-3-6-2-4	1-5-3-6-2-4	1-5-3-6-2-4
Anlasser	Bosch GJ	Bosch EJD 1,8/12	Bosch BIH 1,4/12
Lichtmaschine	Bosch RJG	Bosch RKCN 300/12-1300	Bosch RIG 90/12-1100
Batterie: Anzahl/Volt/Ah	1/12/90	1/12/75	2/6
Kraftstoffförderung	Pumpe	Solexpumpe	Pumpe
Kühlung	Wasser	Wasser	Wasser

Kupplung	Einscheiben, trocken	Einscheiben, tr. F & S PF 220	Mehrscheiben, trocken
Getriebe	Hansa Lloyd Goliath Schubvorgelege	Hanomag Schub- 021-32785 U 50	ZF Aphon
Anzahl der Gänge V/R	4/1 x 2	4/1 x 2	4/1 x 2
Treibende Räder	Ketten, vorne	Ketten, vorne	Ketten, vorne
Triebachsenübersetzung	1 : 9,8	1 : 9,8	
Höchstgeschwindigkeit (km/h)	53	52,5	45
Fahrbereich (km)	S = 275/G = 150	S = 240/G = 140	
Vorderachse	Starrachse	Starrachse	Starrachse
Art der Lenkung	Spindel-	Hanomag Spindel- oder ZF Ross Schnecken	Schraubenspindel-
Wendekreis ø (m)	13,5	13,5	9,5

Federung vorne/hinten	Blattfeder, quer/Drehstäbe quer	Blattfeder quer/Drehstäbe quer	Halbfedern, längs/Halbfeder und Schrauben
Fahrgestellschmiersystem	Hochdruck	Hochdruck	Zentral
Bremsanlage			
Hersteller	Deutsche Perrot	Deutsche Perrot	ATE und Daimler-Benz
Wirkungsweise	mechanisch	mechanisch/Saugluft	hydraulisch
Bremsart	Innenbacken	Innenbacken	Innenbacken
Fußbremse wirkt auf	Antriebsräder	Antriebsräder	Vorder- und Antriebsräder
Handbremse wirkt auf	Lenkbremsen	Lenkbremsen	Antriebsräder
Art der Räder	Stahlblechscheiben	Stahlblechscheiben	Stahlblechscheiben
Reifengröße vorne/hinten	7,25-20	7,25–20 oder 190–18	5,50–15
Spurweite vorne/hinten (mm)	1650/1600	1650/1600	1340/1180
Radstand (mm)	2730	2780	2600-2675/12401180
Kettenauflagelänge (mm)	1800	1800	700
Kettenbreite (mm)	280	280	290
Bodenfreiheit (mm)	320	320	220
Länge x Breite x Höhe (mm)	550 x 2000 x 2215	5550 x 2000 x 2150	6280 x 1600
zul. Gesamtgewicht (kp)	7000	7200	3450
Nutzlast (kp)	1550	1800	800
Sitzplätze	7 + 1	7 + 1	2–3
Kraftstoffverbrauch (l/100 km)	S = 45/G = 75	S = 40/G = 80	62
Kraftstoffvorrat (ltr)	100	110	

Leistungen steigt	24°	24°	−
klettert (mm)			−
watet (mm)	500	500	−
überschreitet (mm)			−
Bemerkungen		*die ersten Baureihen noch mit Maybach »HL 38« Motor	

Artilleri Traktor, 2-ton, m/43	mittlerer Zugkraftwagen 5 t	mittlerer Zugkraftwagen 5 t	mittlerer Zugkraftwagen 5 t
HBT	(Sd. Kfz. 6)	(Sd. Kfz. 6)	(Sd. Kfz. 6)
AB Volvo	BN I 5	BN I 7	BN I 8
1942–1943	Büssing-NAG	Büssing-NAG, Daimler-Benz	Büssing-NAG, Daimler-Benz
	1935	1936–1937	1938–1939
Volvo Unterlagen	D 606/4 vom 1. 4. 1938	D 606/4 vom 1. 4. 1938	D 606/7 vom 7. 6. 1939
Volvo »FC«	Maybach »NL 35 Spezial«	Maybach »NL 38 TR Spezial«	Maybach »NL 38 TUK«
6, Reihe	6, Reihe	6, Reihe	6, Reihe
92, 07 x 110	90 x 90	90 x 100	90 x 100
4400	3435	3791	3791
5,25 : 1	5,6 : 1	6,7 : 1	6,6 : 1
300	3000	3000	3000
90	90	100	100
hängend	hängend		hängend
7 Gleit-	8 Gleit-		8 Gleit-
1 Solex	1 Solex		1 Solex 40 JFF II
1-5-3-6-2-4	1-5-3-6-2-4		1-5-3-6-2-4
Bosch EJD 1,4/12	Bosch BJH 1,4/12	Bosch BJH 1,4/12	Bosch BJH 1,4/12
Bosch RJH 90/12-1500	Bosch RKC 130/12	Bosch RKC 130/12	Bosch RKC 130/12
1/12/70	1/12/75	1/12/75	1/12/75
Pumpe	Pumpe	Pumpe	Pumpe
Wasser	Wasser	Wasser	Wasser
Einscheiben, trocken	Zweischeiben, trocken		Zweischeiben, trocken F & S PF 220 K
Volvo »D 8«	ZF Schubvorgelege		ZF Schubvorgelege
4/1 x 2	4/1 x 2		4/1 x 2
Ketten, vorne	Ketten, vorne		Ketten, vorne
1 : 5,31	S = 1,0/G = 160		S=1,0/G=3,3
65	50	50	50
	S = 320/G = 160	250	300
Starrachse	Starrachse	Starrachse	Starrachse
	Schnecken-	Schnecken und Cletrac	Schnecken-Münz Typ »S 3,5«
9,0	13,0		13,0
Blattfeder, quer/Drehstäbe quer	Halbfeder quer/Halbfedern, längs	Halbfeder quer/Halbfeder längs	Blattfeder quer/Drehstäbe quer
Hochdruck	Hochdruck		Hochdruck
Lockheed	Deutsche Perrot	Deutsche Perrot	Bosch und Perrot
hydraulisch	mechanisch/Saugluft	mechanisch/Saugluft	mechanisch/Druckluft
Innenbacken	Außenband		Innenbacken
Antriebsachse	Antriebsräder		Antriebsräder
Antriebsachse	Lenkbremsen		Lenkbremsen
Stahlblechscheiben gelocht	Stahlblechscheiben		Stahlblechscheiben
7,00–20	7,50-20	7,50–20	210–18
1660/1620	1825/1700	1825/1700	1825/1700
	3360	3360	3200
	1270	1270	2025
	320	320	320
325	400	400	400
5680 x 2000 x	6020 x 2200 x 2500	6020x2200x2500	6115x2260x2270
6555	8800	8800	8500
1800	1500	1500	1500
2 + 8	15 bzw. 10	15 bzw. 10	15 bzw. 10
	50	50	60
115	120 + 40 = 160	120 + 40 = 160	165 + 20 = 185
	24°	24°	24°
		–	
700	600	600	600
		–	
		–	

Bezeichnung des Fahrzeuges	mittlerer Zugkraftwagen 5 t (Sd. Kfz. 6)	schwerer Wehrmachtsschlepper	Gleisketten-Lastkraftwagen 2 t offen (Maultier) (Sd. Kfz. 3)
Typ	BN 9	sWS	2 t MT V 3000 S/SS M
Hersteller	Büssing-NAG, Praga	Büssing-NAG, Tatra	Ford-Werke AG
Baujahr	1939–1943	1943–1945	1942–1944
Informationsquelle	D 606/11 vom 29. 2. 1940	D 606/15 vom 5. 12. 1943	D 666/409 vom 26. 7. 1943

Motor			
Hersteller, Typ	Maybach »HL 54 TUKRM«	Maybach »HL 42 TRKMS«	Ford »G 39 T« oder »G 19 T«
Zylinderanzahl, Anordnung	6, Reihe	6, Reihe	8, VForm
Bohrung/Hub (mm)	100 x 115	90x110	80,95x95,25
Hubraum (ccm)	5420	4198	3924
Verdichtungsverhältnis	6,7 : 1	6,6:1	5,9:1
Drehzahl (U/min)	2600	3000	3500
Höchstleistung (PS)	115	100	95
Ventilanordnung	hängend	hängend	stehend
Kurbelwellenlager	8 Gleit-	8 Gleit-	3 Gleit-
Vergaser	2 Solex 40 JFF II	1 Solex 40 JFF II	1 Solex 30 FFJK
Zündfolge	1-5-3-6-2-4	1–5–3–6–2–4	1–3–6–2–7–8–4–5
Anlasser	Bosch BJH 1,8/12	Bosch EJD 1,8/12	Bosch BIH 1,4/12
Lichtmaschine	Bosch RKC 130/12-825	Bosch RJJK 130/12–1500	Bosch RJH 130/12–1800
Batterie: Anzahl/Volt/Ah	1/12/75	1/12/75	1/12/50
Kraftstoffförderung	Pumpe	Pumpe	Solexpumpe PE 1453/1 L
Kühlung	Wasser	Wasser	Wasser

Kupplung	Zweischeiben, trocken F & S PF 220 K	Zweischeiben, trocken F & S PF 220 K	Ford Einscheiben, trocken
Getriebe	ZF Schubvorgelege	ZF »Kb 40 D«	Ford Schubvorgelege
Anzahl der Gänge V/R	4/1 x 2	4/1 x 2	5/1
Treibende Räder	Ketten, vorne	Ketten, vorne	Ketten, vorne
Triebachsenübersetzung	S=1,0/G=3,3	1:4,11	1:6,66
Höchstgeschwindigkeit (km/h)	50	27,4	39,6
Fahrbereich (km)	S=300/G=115	S=300/G=100	S=200/G=75
Vorderachse	Starrachse	Starrachse	Starrachse
Art der Lenkung	ZF Ross Schnecken- , Typ 660	Cletrac	Ford Schnecken-
Wendekreis o (m)	15,0	15,0	19,0

Federung vorne/hinten	Blattfeder quer/Drehstäbe quer	Blattfeder quer/Drehstäbe quer	Halbfeder längs/Schrauben
Fahrgestellschmiersystem	Hochdruck	Hochdruck	Zentral, ab Fgst. 547304 Hochdruck
Bremsanlage			
Hersteller	ATE und Perrot	Argus	ATE und Ford
Wirkungsweise	mechanisch/Druckluft	Saugluft	hydraulisch
Bremsart	Innenbacken	Scheiben	Innenbacken
Fußbremse wirkt auf	Antriebsräder	Antriebsräder	Räder und Laufwerksantrieb
Handbremse wirkt auf	Lenkbremsen	Lenkbremsen	Lenkbremsen
Art der Räder	Stahlblechscheiben	Stahlblechscheiben	Stahlblechscheiben
Reifengröße vorne/hinten	210–18	270-20	190–20 oder 7,25–20
Spurweite vorne/hinten (mm)	1825/1700	2100/1950	1650/1790
Radstand (mm)	3275	3475	
Kettenauflagelänge (mm)	2200	2040	1840
Kettenbreite (mm)	320	500	260
Bodenfreiheit (mm)	360	465	270
Länge x Breite x Höhe (mm)	6325x2260x2500	6675x2500x2830	6325x2245x2773
zul. Gesamtgewicht (kp)	9000	13500	5860
Nutzlast (kp)	1500	4000	2000
Sitzplätze	15 bzw. 10	2+10	2–3
Kraftstoffverbrauch (l/100 km)	S=60/G=160	S=80/G=bis zu 300	S=55/G=40
Kraftstoffvorrat (ltr)	190	240	110

Leistungen steigt	24⁰	24⁰	20⁰
klettert (mm)		–	
watet (mm)	600	1000	440
überschreitet (mm)	2000	–	
Bemerkungen		–	

Gleisketten-Lastkraftwagen 2 t offen (Maultier) (Sd. Kfz. 3) S 3000/SS M Klöckner-Humboldt-Deutz AG 1942–1944 D 666/407 vom 26. 7. 1943	Gleisketten-Lastkraftwagen 2 t mit Opel Kettenlaufwerk (Prototyp) 2 t 3,6–36 S/M Adam Opel AG 1942–1943 Opel Unterlagen vom 10. 10. 1942	Gleisketten-Lastkraftwagen 2 t offen (Maultier) (Sd. Kfz. 3) 2 t 3,6/36 S/SS M Adam Opel AG 1942–1943 D 669/419 vom 26. 7. 1943	Gleisketten-Lastkraftwagen 4,5 t (Maultier) L 4500 R Daimler-Benz AG 1943–1944 D 667/403 vom 27. 10. 1943
KHD »F 4 M 513«		Opel »3,6 ltr«	DB »OM 67/4«
4, Reihe		6, Reihe	6, Reihe
110x130		90x95	105x140
4942		3626	7274
22:1		6:1	20:1
2250		3120	2250
80		68	112
hängend		hängend	hängend
3 Gleit-		4 Gleit-	7 Gleit-
Diesel Bosch PE 4 B		1 Solex 35 JFP	Diesel Bosch PE 6 oder Deckel PSA
1–3–4–2		1–5–3–6–2–4	1–5–3–6–2–4
Bosch BNG 4/24		Bosch CJ 1,2/12	Bosch BNG 4/24
Bosch RKCK 300/12–1400		Bosch RKC 130/12–1500	Bosch RKCK 300/12–1300
2/12/94,5		1/12/50 oder 62	2/12/105
Pumpe		Pumpe	Pumpe
Wasser		Wasser	Wasser
Einscheiben, trocken F & S G 30 KM		Einscheiben, trocken	Einscheiben, trocken F & S LA 50
ZF »Faks 40«		Opel Schubvorgelege	DB (ZF Lizenz) »Fak 45«
5/1		5/1	5/1 x2
Ketten, vorne		Ketten, vorne	Ketten, vorne
1:6,8	1:6,5	1:6,38	1:9,2
40	38	38	36
S = 170/G = 80		S=165/G=100	S=220/G=100
Starrachse		Starrachse	Starrachse
ZF Ross, Typ 700		Schneckenrollen-	Schrauben-, ZF Ross Typ 722
19,0	12,8	15,0	16,8–22,0
Halbfedern längs/Schrauben	Halbfedern längs	Halbfedern längs/Schrauben	Halbfedern längs/Viertelfedern längs
Zentral		Hochdruck	Zentral
A. Teves		A. Teves	ATE-Lockheed-Knorr
hydraulisch		hydraulisch	hydr. mit Druckluft
Innenbacken		Innenbacken	Innenbacken
Räder und Laufwerksantrieb		Räder- und Laufwerksantrieb	Räder und Laufwerksantrieb
Lenkbremsen		Lenkbremsen	Lenkbremsen
Stahlblechscheiben		Stahlblechscheiben	Stahlblechscheiben
190–20		190–20	270-20
1640/1780		1542/1790	1860/1800
	3108		1825
1840	1665	1840	2400
260	260	260	300
250	265	265	360
6120x2220x2800	6010x2340x2960	6000x2280x2710	7860x2360x3215
6650	6600	5930	12700
2000	2650	2000	4500
2–3	2–3	2–3	2–3
S=28,5/G=70	S=40–45/G=90	S=40–45/G=90	S = 60/G bis zu 140
70	92+20=112	82	140
	70 %	24°	
	–	440	
700	900		
	–		
	–		

Bezeichnung des Fahrzeuges	mittlerer Zugkraftwagen 8 t (Sd. Kfz. 7)	mittlerer Zugkraftwagen 8 t (Sd. Kfz. 7)	mittlerer Zugkraftwagen 8 t (Sd. Kfz. 7)
Typ	KM m 8	KM m 9	KM m 10
Hersteller	Krauss-Maffei, Daimler-Benz, Büssing	Krauss-Maffei	Krauss-Maffei, Borgward
Baujahr	1934–1935	1935–1936	1936–1937
Informationsquelle	D 607/3 vom 1. 11 1935	D 607/8 vom 24. 11. 1938	D 607/8 vom 24. 11. 1938

Motor

Hersteller, Typ	Maybach »HL 52 TU«	Maybach »HL 57 TU«	Maybach »HL 62 TUK«
Zylinderanzahl, Anordnung	6, Reihe	6, Reihe	6, Reihe
Bohrung/Hub (mm)	100x110	100x120	105x120
Hubraum (ccm)	5184	5698	6191
Verdichtungsverhältnis	6,3:1	5,6:1	6,5:1
Drehzahl (U/min)	2600	2600	2600
Höchstleistung (PS)	115	130	140
Ventilanordnung		hängend	
Kurbelwellenlager		8 Gleit-	
Vergaser	2 Solex 40 MMOVS	1 Solex 40 JFF II	1 Solex 40 JFF II
Zündfolge		1–5–3–6–2–4	
Anlasser	Bosch BNF 2,5/12	Bosch BNF 2,5/12	Bosch BNG 2,5/12
Lichtmaschine	Bosch RKC 130/12	Bosch RKC 130/12	Bosch RJJK 130/12–1.500
Batterie: Anzahl/Volt/Ah	1/12/105	1/12/105	1/12/105
Kraftstofförderung	Pallaspumpe »CV«	Pallaspumpe »C 9 W«	Pallaspumpe »C 9 W«
Kühlung	Wasser	Wasser	Wasser

Kupplung	Zweischeiben, tr. F & S Mecano »PL 40 V«	Zweischeiben, tr. Mecano »K 230 K«	Zweischeiben, tr. Mecano »K 230 K«
Getriebe	ZF »ZG 55« Schub-	ZF »Aphon G 55«	ZF »Aphon G 55«
Anzahl der Gänge V/R	4/1 x 2	4/1 x2	4/1 x2
Treibende Räder	Ketten, vorne	Ketten, vorne	Ketten, vorne
Triebachsenübersetzung	1:5,25	1:5,42	1:5,42
Höchstgeschwindigkeit (km/h)	50	50	50
Fahrbereich (km)	250	290	290
Vorderachse	Starrachse	Starrachse	Starrachse
Art der Lenkung	Schnecken-	ZF Ross Schnecken-	ZF Ross Schnecken- oder Münz Typ 4
Wendekreis o (m)	14,0	14,0	14,0

Federung vorne/hinten		Blattfeder quer/Halbfeder langs	
Fahrgestellschmiersystem		Hochdruck	
Bremsanlage			
Hersteller		Deutsche Perrot/Bosch	
Wirkungsweise		Druckluft	
Bremsart	Außenband	Innenbacken	Innenbacken
Fußbremse wirkt auf		Antriebsräder	
Handbremse wirkt auf		Lenkbremse	
Art der Räder		Stahlgußspeichen	
Reifengröße vorne/hinten		32x6 bzw. 7,50–20	
Spurweite vorne/hinten (mm)		1940/1750	
Radstand (mm)		–	
Kettenauflagelänge (mm)		1400	
Kettenbreite (mm)		360	
Bodenfreiheit (mm)		410	
Länge x Breite x Höhe (mm)	6690x2350x2760	7175x2350x2500	7175x2350x2500
zul. Gesamtgewicht (kp)	11000	10740	10740
Nutzlast (kp)	1500	1800	1800
Sitzplätze	11	11	11
Kraftstoffverbrauch (l/100 km)	70	S=80/G=200	S =/G = 200
Kraftstoffvorrat (ltr)	100+100=200	135+70=205	135+70=205

Leistungen steigt	24⁰	24⁰	24⁰
klettert (mm)	–		
watet (mm)	650	650	650
überschreitet (mm)	–		
Bemerkungen	–		

mittlerer Zugkraftwagen 8 t (Sd. Kfz. 7)	mittlerer Zugkraftwagen 8 t	Zugkraftwagen 10 t	schwerer Zugkraftwagen 12 t (Sd. Kfz. 8)
KM m 11	61	ZD 5	DB s 7
Krauss-Maffei Borgward, Saurer	Breda SA	Daimler-Benz AG	Daimler-Benz AG
1938–1945	1944	1931–1932	1934–1935
D 607/5 vom 9. 10. 1939	D 605/13, Ausgabe 1944	Daimler-Benz Archiv	D 608/2 vom 1. 2. 1940
Maybach »HL 62 TUK«	Breda »T 14«	Maybach »DSO 8«	Maybach »DSO 8«
6, Reihe	6, Reihe	12, VForm 60^0	12, VForm 60^0
105x120	110x130	92x100	92x100
6191	7412	7973	7973
6,5:1	5:1	6,3:1	6,3:1
2600	2400	2300	2300
140	130	150	150
hängend	hängend	hängend	hängend
8 Gleit-	7 Gleit-	8 Gleit-	8 Gleit-
1 Solex 40 JFF II	2 Zenith 42 TTVPS	2 Solex 35 MOV	2 Solex 35 MOV
1–5–3–6–2–4	1–5–3–6–2–4	1–12–5–8–3–10–6–7–2–11–4–9	1–12–5–8–3–10–6–7–2–11–4–9
Bosch BNG 2,5/12	Bosch BNG 4/24	Bosch BNE 2/12	Bosch BNE 2/12
Bosch RJJK 130/12–1500	Bosch CQLN 300/24	Bosch TDV 6 400/12–800	Bosch
1/12/105	2/12/105	1/12/100	2/12/105
Pallaspumpe	Pumpe	2 elektrische Pumpen	Pumpe
Wasser	Wasser	Wasser	Wasser
Zweischeiben, tr. Mecano K 230 K	Zweischeiben, tr.	Zweischeiben, tr. Long Typ 34 A	Zweischeiben, tr. Mecano La 80 H
ZF Schubvorgelege	ZF Schubvorgelege	Maybach »DSG 110« unterdruckgeschaltet	DB Schubvorgelege
4/1 x2	5/1 x2	5/1	4/1 x2
Ketten, vorne	Ketten, vorne	Ketten, hinten	Ketten, vorne
1:5,42		1:3,9	S=1,0/G=1,771
50	50	38	50
S=250/G=135	270–300		
Starrachse	Starrachse	Schwinghebel	Starrachse
Schnecken-, Münz Typ 4	Schnecken-	Schrauben-, mit Cletrac	Schnecken-, ZF Ross
16,0	16,0	10,6	
Halbfeder quer/Halbfedern längs	Halbfeder quer/Halbfedern längs	Kegelfedern	Blattfeder quer/Blattfedern längs
Hochdruck	Hochdruck	Hochdruck	Hochdruck
Bosch/Perrot	Marelli	Knorr/DB	Knorr
mechanisch mit Druckluft	Druckluft	Druckluft	Druckluft
Innenbacken	Innenbacken	Innenbacken	Innenbacken/Außenband
Antriebsräder	Antriebsräder	Antriebsräder	Antriebsräder
Lenkbremse	Lenkbremse	Lenkgetriebe	Lenkbremse
Stahlgußspeichen	Stahlgußspeichen	Stahlblechscheiben gelocht	Stahlgußspeichen
9,75–20	9,75–20	150x670	9,00–20
2000/1800	2020/1800	2000/1800	1900/1850
3470	3470		–
2235	2257	1870	2150
360	360	350	400
400	390	340	400
6850x2400x2620	6900x2450x2750	6245x2360x2350	6800x2350x2200
11550	13000	9300	14400
1800	1800		1800
11	11	1+11	12
S=80/G=200	70		S=100/G=220
175+38=213, später 165+38=203	170+35=205	175+25=200	
24^0	24^0	12^0	24^0
–			–
650	800		–
1800	1800		

Bezeichnung des Fahrzeuges	schwerer Zugkraftwagen 12 t (Sd. Kfz. 8)	schwerer Zugkraftwagen 12 t (Sd. Kfz. 8)	schwerer Zugkraftwagen 12 t (Sd. Kfz. 8)
Typ	DB s 8	DB 9	DB 10
Hersteller	Daimler-Benz AG	Daimler-Benz AG	Daimler-Benz AG, Krupp
Baujahr	1935–1938	1938–1939	1939–1944
Informationsquelle	D 608/2 vom 1. 2. 1940	D 608/7 vom 27. 11. 1939	D 608/11 vom 12. 1. 1940
Motor			
Hersteller, Typ	Maybach »DSO 8«	Maybach »HL 85 TUKRM«	Maybach »HL 85 TUKRM«
Zylinderanzahl, Anordnung	12, VForm 60⁰	12, VForm 60⁰	12, VForm 60⁰
Bohrung/Hub (mm)	92x100	95x100	95x100
Hubraum (ccm)	7973	8520	8520
Verdichtungsverhältnis	6,3:1	6,2:1	6,5:1
Drehzahl (U/min)	2300	2500	2500
Höchstleistung (PS)	150	185	185
Ventilanordnung	hängend	hängend	hängend
Kurbelwellenlager	8 Gleit-	8 Gleit-	8 Gleit-
Vergaser	2 Solex 35 MOV	2 Solex 40 JFF II	2 Solex 40 JFF II
Zündfolge	1–12–5–8–3–10–6–7–2–11–4–9	1–12–5–8–3–10–6–7–2–11–4–9	1–12–5–8–3–10–6–7–11–4–9
Anlasser	Bosch BNE 2/12	Bosch BNG 4/24	Bosch BNG 4/24
Lichtmaschine	Bosch	Bosch GQL 300/12	Bosch GQL 300/12–900
Batterie: Anzahl/Volt/Ah	2/12/105	2/12/105	2/12/105
Kraftstofförderung	Pumpe	Pumpe	Pumpe
Kühlung	Wasser	Wasser	Wasser
Kupplung	Zweischeiben, tr. Mecano La 80 H	Zweischeiben, tr. F& S LA 65/80 B	Zweischeiben, tr. F & S Mecano
Getriebe	DB Schubvorgelege	ZF Allklauen-	ZF Spezial Schubvorgelege
Anzahl der Gänge V/R	4/1 x2	4/1 x2	4/1 x2
Treibende Räder	Ketten, vorne	Ketten, vorne	Ketten, vorne
Triebachsenübersetzung	S=1,0/G=1,771	S=1,0/G=1,771	S=1,0/G=1,771
Höchstgeschwindigkeit (km/h)	50	51	51
Fahrbereich (km)		250	S=250/G=125
Vorderachse	Starrachse	Starrachse	Starrachse
Art der Lenkung	Schnecken-, ZF Ross	Schnecken-	ZF Ross Schnecken-
Wendekreis ⌀ (m)	21,0	21,0	21,0
Federung vorne/hinten	Blattfeder quer/Drehstäbe quer	Blattfeder quer/Drehstäbe quer	Blattfeder quer/Drehstäbe quer
Fahrgestellschmiersystem	Hochdruck	Hochdruck	Hochdruck
Bremsanlage			
Hersteller	Knorr/DB	Knorr/DB	Knorr/Daimler-Benz
Wirkungsweise	Druckluft	Druckluft	Druckluft
Bremsart	Innenbacken	Innenbacken	Innenbacken
Fußbremse wirkt auf	Antriebsräder	Antriebsräder	Antriebsräder
Handbremse wirkt auf	Lenkbremse	Lenkbremse	Lenkbremse
Art der Räder	Stahlgußspeichen	Stahlgußspeichen	Stahlblechscheiben
Reifengröße vorne/hinten	11,25–20	11,25–20	11,25–20
Spurweite vorne/hinten (mm)	1900/1900	1900/1900	2010/1900
Radstand (mm)	3670	3670	3670
Kettenauflageläng e (mm)	2500	2500	2500
Kettenbreite (mm)	400	400	400
Bodenfreiheit (mm)	400	400	400
Länge x Breite x Höhe (mm)	7100x2400x2800	7100x2400x2800	7350x2500x2770
zul. Gesamtgewicht (kp)	15000	15000	14700
Nutzlast (kp)	1600	1600	2550
Sitzplätze	1/3	13	13
Kraftstoffverbrauch (l/100 km)	S=100/G=220	S=100/G=250	S=100/G=220
Kraftstoffvorrat (ltr)	210+40=250	210+40=250	210+40=250
Leistungen steigt	24⁰	24⁰	24⁰
klettert (mm)			—
watet (mm)	630	630	630
überschreitet (mm)	2000	2000	2000
Bemerkungen			—

schwerer Zugkraftwagen (HK. 1601) HK. 1601/1604 Daimler-Benz AG/Famo 1941–1942 Handbuch WaA, Blatt D 12 v. 1. 7. 42	schwerer Zugkraftwagen 18 t (Sd. Kfz. 9) FM gr 1 Famo 1936–1937 Handbuch WaA	schwerer Zugkraftwagen 18 t (Sd. Kfz. 9) F 2 Famo 1938 D 671/1 vom 4. 3. 1943	schwerer Zugkraftwagen 18 t (Sd. Kfz. 9) F 3 Famo, Vomag, Tatra 1939–1944 D 671/1 vom 4. 3. 1943

Maybach »HL 116 Z« 6, Reihe 125x150 11048 6,5:1 3300 265 hängend 8 Gleit- 2 Solex 40 JFF II 1–5–3–6–2–4 Bosch BNG 4/24 Bosch GQL 300/12–900 2/12/105 Pumpe Wasser	Maybach »HL 98 TUK« 12, VForm 60^0 95x115 9780 6,5:1 2600 220 hängend 7 Rollen- 2 Solex 40 JFF II 1–8–5–10–3–7–6–11–2–9–4–12 Bosch BNG 4/24 Bosch GQL 300/12-900 2/12/105 2 Pumpen Wasser	Maybach »HL 98 TUK« 12, VForm 60^0 95x115 9780 6,5:1 3000 250 hängend 7 Rollen- 2 Solex 40 JFF II 1–8–5–10–3–7–6–11–2–9–4–12 Bosch BNG 4/24 Bosch RKC 130/12–825 1/12/105 2 Pumpen Wasser	Maybach »HL 108 TUKRM« 12, VForm 60^0 100x115 10838 6,5:1 3000 270 hängend 7 Rollen- 2 Solex 40 JFF II 1–8–5–10–3–7–6–11–2–9–4–12 Bosch BNG 4/24 Bosch GQL 300/12–900 1/12/105 2 Pumpen Wasser

Zweischeiben, trocken ZF Spezial Schubvorgelege 6/1 Ketten, vorne	Zweischeiben, trocken ZF Aphon 4/1 x2 Ketten, vorne	Zweischeiben, tr. F & S LA 65 ZF »G 65 VL 230«	Zweischeiben, tr. F & S Mecano LA 65/80 ZF »G 65 VL 230«
67,5	50 280	4/1 x2 Ketten, vorne 1:1,96 50	
Starrachse Schnecken, hydr.	Starrachse Schnecken- 21,6	S=260/G=100 Starrachse Schnecken-, ZF Ross, Modell 760 21,6	

Blattfeder quer/Drehstäbe quer Hochdruck	Blattfeder quer/Drehstäbe quer Hochdruck		Blattfeder quer/Drehstäbe quer Hochdruck
Knorr/Daimler-Benz Druckluft Innenbacken Antriebsräder Lenkbremse Stahlgußspeichen 11,25–20 2030/2000 4030 2600 400 400 7770x2600x2350 16200	Bosch/Westinghouse Druckluft Innenbacken Antriebsräder Lenkbremse Stahlgußspeichen 12,75–20 2100/2000 4015 2860 440 440 7700x2600x2650 18000 2000	4015 8250x2600x2850	Bosch Druckluft Innenbacken Antriebsräder Lenkbremse Stahlgußspeichen 12,75–20/Laufrollen 900/80–80 2100/2000 4060 2860 440 440 8320x2600x2850 18000 2620
je nach Aufbau	je nach Aufbau S=100/G=300		8 bzw. je nach Aufbau S=120/G=310 230+60=290

	24^0		24^0 — 800 2500

Bezeichnung des Fahrzeuges	kleines Kettenkraftrad (Sd. Kfz. 2)	geländegängiger 0,6/1 t Zugwagen M 36	geländegängiger 1,6 t Zugwagen Prototyp
Typ	HK 101	ADMK	ADAT
Hersteller	NSU, Stöwer	Steyr-Daimler-Puch AG	Steyr-Daimler-Puch AG
Baujahr	1940–1945	1935–1938	1937
Informationsquelle	D 624/1 vom 28. 10. 1942	Gerätevorschrift, Wien 1938	Steyr Unterlagen

Motor			
Hersteller, Typ	Opel »1,5 ltr«	AD »FB 12/20«	AD »M 640«
Zylinderanzahl, Anordnung	4, Reihe	4, Reihe	6, Reihe
Bohrung/Hub (mm)	80x74	80x115	85x115
Hubraum (ccm)	1488	2312,2	3915,4
Verdichtungsverhältnis	6:1	4,25:1	5,77:1
Drehzahl (U/min)	3400	1400	3000
Höchstleistung (PS)	36	20	80
Ventilanordnung	hängend	stehend	hängend
Kurbelwellenlager	4 Gleit-	3 Kugel-	7 Gleit-
Vergaser	1 Solex 32 FJ II	1 Pallas MP 30	1 Zenith 48 VI
Zündfolge	1–3–4–2	1–3–4–2	1–5–3–6–2–4
Anlasser	Bosch EGD 0,6/6	ohne	Scintilla 12 V
Lichtmaschine	Bosch REDK 75/1–1600	Scintilla	Scintilla 12 V/100 W
Batterie: Anzahl/Volt/Ah	1/6/75	ohne	1/12/60
Kraftstofförderung	Gefälle und Pumpe	AC Pumpe »PE 626«	Pumpe
Kühlung	Wasser	Luft, Gebläse	Wasser

Kupplung	Einscheiben, trocken	Zweischeiben, halbnaß	Zweischeiben, trocken
Getriebe	NSU Schubvorgelege	AD Schub, Typ »440«	AD Schub, Typ »ADAT«
Anzahl der Gänge V/R	3/1 x2	4/1	4/1
Treibende Räder	Ketten, vorne	hinten	hinten
Triebachsenübersetzung	1:4,09	1:5,56	
Höchstgeschwindigkeit (km/h)	80	45 auf Räder	70 auf Räder
Fahrbereich (km)	250	S=200/G=110	
Vorderachse	Steckachse	Schwingachse	Schwingachse
Art der Lenkung	Cletrac	Schrauben-	Schnecken-
Wendekreis ⌀ (m)	4,0	8,4	

Federung vorne/hinten	Federgabel mit Schraube/Drehstäbe	Halbfeder, quer/Halbfeder längs	Halbfeder quer/Halbfeder längs
Fahrgestellschmiersystem	Hochdruck	Hochdruck	Zentral
Bremsanlage			
Hersteller	NSU	Austro-Daimler	ATE-Lockheed
Wirkungsweise	mechanisch	mechanisch	hydraulisch
Bremsart	Innenbacken	Innenbacken	Innenbacken
Fußbremse wirkt auf	Antriebsräder	Hinterräder	Hinterräder
Handbremse wirkt auf	Lenkbremse	Hinterräder	Antrieb
Art der Räder	Stahlblechscheibe	Stahlblechscheiben	Stahlblechscheiben
Reifengröße vorne/hinten	3,50–19 Kr 4611	5,25–18	230–18
Spurweite vorne/hinten (mm)	–/816	1290 (870 als Vollkette)	1365/1800 (1310 als Vollkette)
Radstand (mm)	1352	1770	3200
Kettenauflagelänge (mm)	820	1260	
Kettenbreite (mm)	170	190 (Sumpfketten 340)	
Bodenfreiheit (mm)	230	270	
Länge x Breite x Höhe (mm)	3000x1000x1200	3570x1500x1300	5280x2030x1735
zul. Gesamtgewicht (kp)	1560	2040	
Nutzlast (kp)	325	600	1600
Sitzplätze	3	3	9
Kraftstoffverbrauch (l/100 km)	16–22	S=17/G=35	30
Kraftstoffvorrat (ltr)	42	37	

Leistungen steigt	24⁰	45⁰	
klettert (mm)		300	
watet (mm)	440	600	
überschreitet (mm)		1800	
Bemerkungen			

geländegängiger 1,5/2 t Zugwagen	Leichter Zugkraftwagen U (f)	leichter Zugkraftwagen 37 Unic (f)	Zugkraftwagen S (f)
M 37	Kennummer – ZgKw U 305 (f)	Kennummer – ZgKw U 304 (f)	Kennummer – Zgkw S 307 (f)
AFR	TU 1	P 107	MCG
Österreichische Automobilfabriks AG	Unic, Georges Richards	Unic, Georges Richards	SOMUA-Werke
1936	1939–1943	1937–1939	1932–1935
ÖAF Unterlagen	D 628/3 vom 7. 1. 1942	D 628/1 vom 20. 5 1941	D 628/6 vom 4. 3. 1942
ÖAF »AFN-S«	Unic »M 16 D«	Unic »P 39«	Somua
4, Reihe	4, Reihe	4, Reihe	4, Reihe
98x125	80x107	100x110	100x150
3800	2150	3450	4712
4,8:1	5,5:1	5,5:1	5,6:1
2400	3200	2800	2000
75	50	60	60
hängend	hängend	hängend	Einlaß – hängend, Auslaß – stehend
3 Gleit-	3 Gleit-	5 Gleit-	3 Gleit-
1 Zenith T 36	1 Solex 35 RFNY	1 Solex 35 RTNB	1 Solex 40 RFNV
1–2–4–3	1–2–4–3	1–3–4–2	1–3–4–2
Bosch CJ 1,2/12	12 V	6 oder 12 V	DS 2 BS oder von Hand
Lichtbatteriezünder	12 V	Citroen 6 oder 12 V	GS 2/12 V
1/12/60	1/12/57	2/6 oder 1/12/90	2/6/92
Pumpe	Pumpe, SEV 4 K	Pumpe	Pumpe
Wasser	Wasser	Wasser	Wasser
Einscheiben, trocken	Einscheiben, trocken	Einscheiben, trocken	Einscheiben, trocken
AF Schubvorgelege	Unic »B 169« synchr.	Unic synchr.	Zahnradschub-
4,5,8 oder 10/1–2	4/1 x2	4/1 x2	5/1
Ketten, vorne	Ketten, vorne	Ketten, vorne	Ketten, vorne
	1:0,1994	1:2,9 bzw. 3,2	1:3,5
45	50	45	36
	250	400	170
Starrachse	Starrachse	Starrachse	Starrachse
Schneckenspindel-			
12,0			
Halbfeder längs	Blattfedern, längs	Halbfedern, längs	Halbfedern, längs
Hochdruck	Hochdruck	Hochdruck	Hochdruck
ATE-Lockheed	Unic	Unic	Somua
hydraulisch	mechanisch	hydraulisch	mechanisch
Innenbacken	Innenbacken	Innenbacken	Außenband
beide Achsen	Vorder- und Antriebsräder	Antriebsräder	Getriebe
Getriebe	Vorder- und Antriebsräder	Antriebsräder	Antriebsräder
Stahlblechscheiben	Stahlblechscheiben	Stahlblechscheiben	Stahlblechscheiben
7,00–20 oder 7,00–18	5,25–18		30x5
1440	1277/1200	1395/1340	1485/1480
2750			
	1400	2500	
385	175	260	
220	310	340	
x1966x2600	4200x1500x1310	4850x1800x2280	5350x1880x2750
5100	2910	5400	7300
2000	475	1400	2000
2–3 bzw. je nach Aufbau	bis 10	5	2–3
30–50	S=28/G=50	S=40/G=100	47
75	80	160	80
60 %			
600	500	800	

Bezeichnung des Fahrzeuges	leichter, gepanzerter Kraftwagen (Sd. Kfz. 250)	mittlerer, gepanzerter Kraftwagen (Sd. Kfz. 251)	leichter, gepanzerter Munitions-transportkraftwagen (Sd. Kfz. 252)
Typ	D 7 p	H kl 6 p	D 7 p
Hersteller	Demag und andere	Weserhütte u. a	Demag
Baujahr	1940–1945	1937–1945	1940–1941
Informationsquelle	D 672/5 vom 8. 8. 1940	D 660/4 vom 15. 5. 1943	D 672/5 vom 8. 8. 1940

Motor			
Hersteller, Typ	Maybach »HL 42 TRKM«	Maybach »HL 42 TUKRM«	Maybach »HL 42 TRKM«
Zylinderanzahl, Anordnung		6, Reihe	
Bohrung/Hub (mm)		90x110	
Hubraum (ccm)		4171	
Verdichtungsverhältnis		6,7:1	
Drehzahl (U/min)		2800	
Höchstleistung (PS)		100	
Ventilanordnung		hängend	
Kurbelwellenlager		8 Gleit-	
Vergaser		1 Solex 40 JFF II	
Zündfolge		1–5–3–6–2–4	
Anlasser		Bosch EJD 1,8/12	
Lichtmaschine		Bosch RKCN 300/12–1300	
Batterie: Anzahl/Volt/Ah	1/12/94	2/12/75	1/12/94
Kraftstofförderung		Pumpe	
Kühlung		Wasser	

Kupplung		Zweischeiben, trocken F & S Mecano »PF 220 K«	
Getriebe	Maybach Variorex »VG 102128 H«	Hanomag Schub- »021–32785 U 50«	Maybach Variorex »VG 102128 H«
Anzahl der Gänge V/R	7/3	4/1 x2	7/3
Treibende Räder	Ketten, vorne	Ketten, vorne	Ketten, vorne
Triebachsenübersetzung		1:2,06	
Höchstgeschwindigkeit (km/h)	65	52,5	65
Fahrbereich (km)	S=320/G=200	S=300/G=150	S=350/G=175
Vorderachse	Starrachse	Starrachse	Starrachse
Art der Lenkung	Schnecken-	Hanomag Spindel- oder ZF Ross »660«	Schnecken-
Wendekreis o (m)	9,0	11,0	9,0

Federung vorne/hinten	Blattfeder quer/Drehstäbe quer	Halbfedern quer/Drehstabe	Blattfeder quer/Drehstäbe quer
Fahrgestellschmiersystem	Hochdruck	Hochdruck	Hochdruck
Bremsanlage			
Hersteller	ATE/Perrot	Perrot, Typ 440x80	ATE/Perrot
Wirkungsweise	hydraulisch	Druckluft/Saugluft	hydraulisch
Bremsart	Innenbacken	Innenbacken	Innenbacken
Fußbremse wirkt auf	Antriebsräder	Triebräder	Antriebsräder
Handbremse wirkt auf	Lenkbremse	Lenkbremse	Lenkbremse
Art der Räder	Stahlblechscheiben	Stahlblechscheiben	Stahlblechscheiben
Reifengröße vorne/hinten	6,00–20	7,25–20 bzw. 190–18	6,00–20
Spurweite vorne/hinten (mm)	1630/1580	1650/1600	1630/1580
Radstand (mm)	2500	2775	2500
Kettenauflagelänge (mm)	1020	1800	1020
Kettenbreite (mm)	240	280	240
Bodenfreiheit (mm)	285	320	285
Länge x Breite x Höhe (mm)	4560x1945x1660	5800x2100x1750	4700x1950x1800
zul. Gesamtgewicht (kp)	5800	9000	5730
Nutzlast (kp)	800	1500	1000
Sitzplätze	je nach Verwendung	je nach Verwendung	2
Kraftstoffverbrauch (l/100 km)	S=40/G=80	S = 40/G = 80	S=40/G=80
Kraftstoffvorrat (ltr)	140	160	140

Panzerung vorne (mm)	14,5	14,5	14,5
seitlich (mm)	8	8	8
hinten (mm)	8	8	8
Leistungen steigt	24⁰	24⁰	24⁰
klettert (mm)	–		
watet (mm)	700	500	700
überschreitet (mm)	1900	2000	1900
Bemerkungen			

Bezeichnung des Fahrzeuges	leichter, gepanzerter Beobachtungs-kraftwagen (Sd. Kfz. 253)	leichter Zugkraftwagen, gepanzert	leichter Zugkraftwagen, gepanzert
Typ	D 7 p	HKp 602/603	HKp 606
Hersteller	Wegmann	Demag	Demag
Baujahr	1940–1941	1940–1942	1941–1942
Informationsquelle	D 672/5 vom 8. 8. 1940	Handbuch WaA, Blatt 10 v. Juli 1942	Handbuch WaA

Motor			
Hersteller, Typ	Maybach »HL 42 TRKM«	Maybach »HL 45 Z«	Maybach »HL 50«
Zylinderanzahl, Anordnung	6, Reihe	6, Reihe	6, Reihe
Bohrung/Hub (mm)	90x110	95x110	100x106
Hubraum (ccm)	4171	4678	4995
Verdichtungsverhältnis	6,7:1	6,7:1	6,7:1
Drehzahl (U/min)	2800	3800	4000
Höchstleistung (PS)	100	147	180
Ventilanordnung	hängend	hängend	hängend
Kurbelwellenlager	8 Gleit-	8 Gleit-	8 Gleit-
Vergaser	1 Solex 40 JFF II	1 Solex 40 JFF II	1 Solex
Zündfolge	1–5–3–6–2–4	1–5–3–6–2–4	1–5–3–6–2–4
Anlasser	Bosch EJD 1,8/12	Bosch EJD 1,8/12	Bosch
Lichtmaschine	Bosch RKCN 300/12–1300	Bosch RKCN 300/12–1300	Bosch
Batterie: Anzahl/Volt/Ah	1/12/94	2/12/75	2/12/75
Kraftstoffförderung	Pumpe	Pumpe	Pumpe
Kühlung	Wasser	Wasser	Wasser

Kupplung	Zweischeiben, tr. Mecano PF 220 K	Zweischeiben, trocken	Zweischeiben, trocken
Getriebe	Maybach Variorex »VG 102128 H«	Maybach-Hanomag Vorwähl-	Maybach OLVAR Vorwähl-
Anzahl der Gänge V/R	7/3	8/3	8/3
Treibende Räder	Ketten, vorne	Ketten, vorne	Ketten, vorne
Triebachsenübersetzung	–		
Höchstgeschwindigkeit (km/h)	65	75	70
Fahrbereich (km)	S=350/G=175		
Vorderachse	Starrachse	Starrachse	Einzelrad
Art der Lenkung	Schnecken-	ZF Ross, hydraulisch	ZF Ross-
Wendekreis ⌀ (m)	9,0		

Federung vorne/hinten	Blattfeder quer/Drehstäbe quer	Blattfeder quer/Drehstäbe quer	Blattfeder quer/Drehstäbe quer
Fahrgestellschmiersystem	Hochdruck	Hochdruck	Hochdruck
Bremsanlage			
Hersteller	ATE/Perrot	Deutsche Perrot	Süddeutsche Argus
Wirkungsweise	hydraulisch	Saugluft	Saugluft
Bremsart	Innenbacken	Innenbacken	Scheiben
Fußbremse wirkt auf	Antriebsräder	Antriebsräder	Antriebsräder
Handbremse wirkt auf	Lenkbremse	Lenkbremse	Lenkbremse
Art der Räder	Stahlblechscheiben	Stahlblechscheiben	Stahlblechscheiben
Reifengröße vorne/hinten	6,00–20	190–18	190–18
Spurweite vorne/hinten (mm)	1630/1580	1700/1620	1700/1650
Radstand (mm)	2500	2680	2600
Kettenauflageläge (mm)	1020	2680	1500
Kettenbreite (mm)	240	280	280
Bodenfreiheit (mm)	285	350	350
Länge x Breite x Höhe (mm)	4700x1950x1800	5545x2100x1730	4850x1980x1850
zul. Gesamtgewicht (kp)	5700	8000	7000
Nutzlast (kp)	690	1240	1000
Sitzplätze	4	12	8
Kraftstoffverbrauch (l/100 km)	S=40/G=80		
Kraftstoffvorrat (ltr)	140		

Panzerung vorne (mm)	14,5	14,5	14,5
seitlich (mm)	8	8	8
hinten (mm)	8	8	8
Leistungen steigt	24⁰	24⁰	24⁰
klettert (mm)	400		
watet (mm)	700		
überschreitet (mm)	1500		
Bemerkungen			

Literaturverzeichnis

Willi A. Bölke
Deutschlands Rüstung im Zweiten Weltkrieg

Uwe Feist
German Halftracks in Action

Uwe Feist
Schützenpanzerwagen in Action

Heinz Guderian
Erinnerungen eines Soldaten

Robert J. Icks
Tanks und Armored Vehicles

Janusz Magnuski
Wozy Bojowe

F. W. von Mellenthin
Panzer Battles

Oskar Munzel
Die deutschen gepanzerten Truppen bis 1945

Walther K. Nehring
die Geschichte der deutschen Panzerwaffe 1916–1945

R. M. Ogorkiewicz
Armour

Werner Oswald
Kraftfahrzeuge und Panzer der Reichswehr, Wehrmacht und Bundeswehr

Norbert Schausberger
Rüstung in Österreich 1939–1945

H. Scheibert – C. Wagener
Die deutsche Panzertruppe 1939–1945

F. M. von Senger und Etterlin
Die deutschen Panzer 1926–1945

Walter J. Spielberger – Uwe Feist
Armor Series

Walter J. Spielberger
Profile: Sd. Kfz. 251

Rolf Stoves
Die 1. Panzer Division

Bart H. Vanderveen
Half-Tracks

Bart H. Vanderveen
Observer's Fighting Vehicle Directory

ferner Bellona Handbook Nr. 2, Part 1–3
zusammengestellt durch Peter Chamberlain
und Hilary L. Doyle

Erläuterungen der gebräuchlichen Abkürzungen

a/A	alte Art, alte Ausführung	AK	Artillerie-Konstruktionsbureau
A (2)	Infanterieabteilung des Kriegsministeriums	AKK	Armeekraftwagenkolonne
A (4)	Feldartillerieabteilung des Kriegsministeriums	ALkW	Armee-Lastkraftwagen
A (5)	Fußartillerieabteilung des Kriegsministeriums	ALZ	Armee-Lastzug
A 7 V	Verkehrsabteilung des Kriegsministeriums	AOK	Armee-Oberkommando
AD (2)	Allgemeines Kriegsdepartment, Abteilung 2 (Infanterie)	APK	Artillerieprüfungskommission
		ARW	Achtradwagen
AD (4)	Allgemeines Kriegsdepartment, Abteilung 4 (Feldartillerie)	A-Typen	mit Allradantrieb (Schell-Typ)
		BAK	Ballon-Abwehr-Kanone
AD (5)	Allgemeines Kriegsdepartment, Abteilung 5 (Fußartillerie)	Bekraft	Betriebsstoffabteilung des Feldkraftfahrwesens
		BMW	Bayerische Motoren Werke
AHA/Ag K	Allgemeines Heeresamt, Amtsgruppe Kraftfahrwesen	Chefkraft	Chef des Feldkraftfahrwesens
		(DB)	Daimler-Benz

DMG	Daimler-Motoren-Gesellschaft
Dtschr. Krprz.	Deutscher Kronprinz
E-Fahrgestell	Einheitsfahrgestell
E-Pkw	Einheits-Personenkraftwagen
E-Lkw	Einheits-Lastkraftwagen
Fa	Feldartillerie
FAMO	Fahrzeug- und Motorenbau GmbH
Fgst	Fahrgestell
FF-Kabel	Feldfernkabel
FH	Feldhaubitze
FK	Feldkanone
Flak	Flugabwehrkanone
F. T.	Funk/Telegraph
Fu	Funk
Fu Ger	Funkgerät
Fu Spr Ger	Funksprechgerät
g	geheim
Gen. St. d. H.	Generalstab des Heeres
Gengas	Generatorgas
G. I. d. MV.	Generalinspektion des Militärverkehrswesens
g. Kdos	geheime Kommandosache
gp	gepanzert
g. RS	geheime Reichssache
gl	geländegängig
GPD	Gewehrprüfungskommission
Gw	Geschützwagen
(H)	Heckmotoranordnung
Hanomag	Hannoversche Maschinenbau AG
HK	Halbkette, Halbkettenfahrzeug
H. Techn. V. Bl	Heerestechnisches Verordnungsblatt
HWA	Heereswaffenamt
I. D.	Infanteriedivision
I. G.	Infanteriegeschütz
In.	Inspektion
In. 6	Inspektion des Kraftfahrwesens
Ikraft	Inspektion des Feldkraftfahrwesens
ILuk	Inspektion des Luft- und Kraftfahrwesens
K	Kanone
KD	Krupp-Daimler
K. D.	Kavalleriedivision
KdF	Kraft durch Freude (NS-Organisation)
K. d. K.	Kommandeur der Kraftfahrtruppen
K. Flak	Kraftwagen-Flugabwehrkanone
Kfz.	Kraftfahrzeug
K	klein, -ner, kleines
KM	Kriegsministerium
KP	Kraftprotze
(Kp)	Krupp
Kogenluft	Kommandierender General der Luftstreitkräfte
Krad	Kraftrad
Kr. Zgm.	Kraftzugmaschine
KS	Kraftspritze
Kw	Kraftwagen, auch Kampfwagen
KrKW	Krankenkraftwagen
KOM	Kraftomnibus
KwK	Kampfwagenkanone
l	leicht
L/	Kaliberlänge
le	leicht
le FH	leichte Feldhaubitze
le FK	leichte Feldkanone
l. F. H.	leichte Feldhaubitze
le. I. G.	leichtes Infanteriegeschütz
le. W. S.	leichter Wehrmachtsschlepper
LHB	Linke-Hoffman-Busch
l. I. G.	leichtes Infanteriegeschütz
Lkw	Lastkraftwagen
LWS	Land-Wasser-Schlepper
m	mittel, mittlerer
MAN	Maschinenfabrik Augsburg-Nürnberg AG
MG	Maschinengewehr
MP	Maschinenpistole
MTW	Mannschaftstransportwagen
Mun.Pz	Munitionspanzer
n	Umdrehungen pro Minute
n/A	neue Art/neue Ausführung
NAG	Nationale Automobilgesellschaft
(o)	handelsüblich
Ob. d. H.	Oberbefehlshaber des Heeres
O. H. L.	Oberste Heeresleitung
O. K. H.	Oberkommando des Heeres
O. K. W.	Oberkommando der Wehrmacht
Pak	Panzerabwehrkanone
P. D.	Panzerdivision
Pf	Pionierfahrzeug
Pakw	Personenkraftwagen
Pz. F.	Panzerfähre
Pz. Kpfwg.	Panzerkampfwagen
Pz. Spwg.	Panzerspähwagen
Pz. Jg	Panzerjäger
Pz. Bef. Wg	Panzerbefehlswagen
(R)	Raupen
R/R	Räder/Raupenantrieb
(RhB)	Rheinmetall-Borsig
RS	Raupenschlepper
RSG	Gebirgsraupenschlepper
RSO	Raupenschlepper Ost (Radschlepper Ost)
RV	Richtverbindung
Sankra	Sanitätskraftwagen
s	schwer
sFH	schwere Feldhaubitze
schg.	schienengängig
Schlp.	Schlepper
schf.	schwimmfähig
Sd. Kfz.	Sonderkraftfahrzeug
Sfl.	Selbstfahrlafette
Sf	Selbstfahrlafette
S-Typen	mit Hinterradantrieb (Schell-Typ)
SmK	Spitzgeschoß mit Kern
SPW	Schützenpanzerwagen
SSW-Zug	Siemens-Schuckert-Werke-Zug
s. W. S.	schwerer Wehrmachtsschlepper
StuG	Sturmgeschütz
StuK	Sturmkanone
StuH	Sturmhaubitze
Tak	Tankabwehrkanone
Takraft	Technische Abteilung der Inspektion des Kraftfahrwesens
TF	Trägerfrequenz (funktechnisch)
Tp	Tropenausführung
Vakraft	Versuchsabteilung des Feldkraftfahrwesens (Erster Weltkrieg), Versuchsabteilung der Inspektion des Kraftfahrwesens (Reichswehr und Wehrmacht)
ve	voll entstört
v/max	Höchstgeschwindigkeit
V°	Mündungsgeschwindigkeit
VPK	Verkehrstechnische Prüfungskommission
Vs. Kfz.	Versuchsfahrzeug
VKz	Versuchsfahrzeug
ZF	Zahnradfabrik Friedrichshafen
ZRW	Zehnradwagen
Zgkw	Zugkraftwagen
WaPrüf/WaPrw	Waffenprüfungsamt
Wumba	Waffen- und Munitionsbeschaffungsamt
wg	wassergängig

Die einmalige Dokumentations-Reihe über die Heeresmotorisierung
Das Resultat mehr als 35jähriger Geschichtsforschung

BAND 1 — **DER MITTLERE KAMPFPANZER LEOPARD UND SEINE ABARTEN**

Ausgehend von den Erfahrungen des Zweiten Weltkrieges und Guderians richtungsweisendem Konzept, zeigt sich im Waffensystem »Leopard« die wohl abschließende Form des konventionellen Kampfpanzers. Die Panzer III und IV sowie die Fahrzeuge »Panther« und »Tiger« der ehemaligen deutschen Wehrmacht ermöglichten eine exakte Konzeptfestlegung. Die Erfahrungen der Bundeswehr mit neuzeitlichen amerikanischen Kampffahrzeugen erlaubten einen verhältnismäßig raschen Anschluß an den technischen Stand der Entwicklung.

160 Seiten, 157 Abbildungen, davon 7 farbig, gebunden, DM 36,–

BAND 2 — **DIE PANZERKAMPFWAGEN I UND II UND IHRE ABARTEN**

Während Infanterie-orientierte Planer den schwergepanzerten Durchbruchtank propagierten, standen auf der anderen Seite des Arguments die Verfechter eines schnellen, leichten Kavalleriepanzer. Deutschland konnte auf Grund des durch den Versailler Vertrag verursachten Vakuums die Entwicklung anderer Staaten eingehend beobachten und daraus seine eigenen Folgerungen ziehen. Unsere Veröffentlichung versucht zum ersten Male die Entwicklung zusammenzufügen und erlaubt dadurch einen leider immer noch nicht vollständigen Einblick in die Aufbaujahre der deutschen Panzerwaffe.

168 Seiten, 212 Abbildungen, gebunden, DM 39,–

BAND 3 — **DER PANZERKAMPFWAGEN III UND SEINE ABARTEN**

Guderians Konzept einer reinen Angriffswaffe fand seinen Niederschlag in einer sachlichen Aufteilung aller anfallenden Aufgaben innerhalb einer Panzerbesatzung. Die hierbei gefundene Lösung blieb richtungsweisend bis in die heutigen Tage. Die von ihm mit Nachdruck geforderte Ausrüstung der Kampfwagen mit nachrichtentechnischem Material verschaffte der deutschen Panzertruppe noch einen taktischen Vorteil, als modernere Kampfwagen der Gegner auftraten.

168 Seiten, 223 Abbildungen, davon 9 farbig, gebunden, DM 39,–

BAND 4 — **DIE GEPANZERTEN RADFAHRZEUGE DES DEUTSCHEN HEERES 1905 BIS 1945**

Das vorliegende Buch vermittelt einen weiteren Einblick in die Entwicklung des Kraftwagens. Daß diese Fahrzeuge im vorliegenden Falle gepanzert und in vielen Fällen bewaffnet waren, spielte eigentlich eine nur nebensächliche Rolle. Es war jedoch der Heeresmotorisierung vorbehalten, hier Grenzen aufzuzeigen, die von den Konstrukteuren nur unter Anspannung aller verfügbaren Kenntnisse gemeistert werden konnten.

168 Seiten, 224 Abbildungen, davon 7 farbig, gebunden, DM 39,–

BAND 5 — **DER PANZERKAMPFWAGEN IV UND SEINE ABARTEN**

Dieser Band stellt den Versuch dar, die technische Entwicklung des wichtigsten Kampfpanzers der Wehrmacht aufzuzeigen. Ursprünglich nur als Unterstützungsfahrzeug konzipiert, bildete der Panzer IV jedoch während der Kriegsjahre durch zeitgemäße Umrüstung das Rückgrat der deutschen Panzerwaffe. Dieses Fahrzeug war über die gesamte Kriegszeit hinweg eines der wenigen wirklich in Großserie hergestellten Kampffahrzeuge des deutschen Heeres.

164 Seiten, 387 Abbildungen, davon 9 farbig, gebunden, DM 39,–

BAND 7 — **DER PANZERKAMPFWAGEN TIGER UND SEINE ABARTEN**

Die wohl abschließende Geschichte der Entwicklung des Panzerkampfwagens Tiger liegt hier vor. Mit mehr als 500 Abbildungen und Skizzen – die in der Mehrzahl erstmals veröffentlicht werden – führt Walter J. Spielberger den Leser durch die Prototypen-Entwicklung, die Tiger-Entwürfe von Henschel und Porsche sowie die endgültige Produktion mit all ihren Problemen. Es werden alle wichtigen Änderungen – in den meisten Fällen durch Bilder und Skizzen dokumentiert – eingehend und umfassend behandelt.

220 Seiten, 500 Abbildungen, davon 6 farbig, gebunden, DM 48,–

BAND 8 — **SPEZIAL-PANZER-ENTWICKLUNGEN DES DEUTSCHEN HEERES**

Die bisher in der Öffentlichkeit kaum oder nur wenigen Fachleuten bekannt gewordenen Entwicklungen von Spezial-Panzerfahrzeugen des deutschen Heeres führt der Motorbuch Verlag im Band 8 der Buchreihe »Militärfahrzeuge« zum ersten Male zusammen. Darin werden die den Panzerpionieren zugeteilten Sonder-Panzerfahrzeuge eingehend behandelt, während die folgenden beiden Kapitel die Panzer-Entwürfe der Firma Porsche und die der E-Baureihen untersuchen.

156 Seiten, 280 Abbildungen, davon 5 farbig, gebunden, DM 39,–

BAND 9 — **DER PANZERKAMPFWAGEN PANHER UND SEINE ABARTEN**

Den Höhepunkt der Entwicklung deutscher Kampfpanzer bis 1945 bildete der Panzerkampfwagen Panther. – Ausgelöst durch den russischen Kampfpanzer T 34 erfolgte die Entwicklung des Panther innerhalb eines Jahres.

Das Buch reflektiert die Schwierigkeiten, denen dieses Vorhaben gegenüberstand und das gleichzeitig als einmalige Leistung militärischer und wirtschaftlicher Planungsstellen sowie der deutschen Industrie in die Geschichte eingeht.

288 Seiten, 468 Abbildungen, davon 14 farbig, gebunden, DM 48,–

BAND 10 — **DIE RAD- UND VOLLKETTEN-ZUGMASCHINEN DES DEUTSCHEN HEERES 1871 BIS 1945**

Dieser Band führt durch die technische Entwicklung der Rad- und Vollkettenschlepper für militärische Zwecke. Daneben werden Selbstfahrlafetten auf Radfahrgestellen behandelt. Es war wiederum das Bestreben des Autors, eine fast lückenlose Dokumentation zu schaffen. Fachleute sind sich heute darüber einig, daß es bei der Betrachtung des Problems Rad/Gleiskette kein entweder/oder, sondern nur ein und/auch geben kann.

216 Seiten, 348 Abbildungen, davon 5 farbig, gebunden, DM 42,–

BAND 11 — **DIE PANZERKAMPFWAGEN 35 (t) UND 38 (t) UND IHRE ABARTEN einschl. der tschechoslowakischen Heeresmotorisierung 1920 bis 1945**

Dieses Buch befaßt sich mit der tschechoslowakischen Heeresmotorisierung und ihrer Auswirkungen auf die deutsche Wehrmacht. Neben der Geschichte der tschechoslowakischen Panzerfahrzeuge vermittelt dieser Band einen umfassenden Einblick in die Motorisierung der tschechoslowakischen Streitkräfte. Eine bis ins Detail gehende Dokumentation, die einen fast lückenlosen Überblick über die Jahre 1920 bis 1945 aufzeigt.

408 Seiten, 720 Abbildungen, Großformat, gebunden, DM 69,–

Selbstverständlich aus dem
MOTORBUCH VERLAG
POSTFACH 1370 · 7000 STUTTGART 1